江苏省社会科学基金后期资助项目(22HQB14)成果

政府责任视角下水资源资产及负债核算研究

张丹丹　沈菊琴　刘博　著

西南财经大学出版社
Southwestern University of Finance & Economics Press

中国·成都

图书在版编目(CIP)数据

政府责任视角下水资源资产及负债核算研究/张丹丹,沈菊琴,
刘博著.—成都:西南财经大学出版社,2024.4
ISBN 978-7-5504-6086-7

Ⅰ.①政… Ⅱ.①张…②沈…③刘… Ⅲ.①水资源管理—研究
Ⅳ.①TV213.4

中国国家版本馆 CIP 数据核字(2024)第 035359 号

政府责任视角下水资源资产及负债核算研究

ZHENGFU ZEREN SHIJIAOXIA SHUIZIYUAN ZICHAN JI FUZHAI HESUAN YANJIU

张丹丹 沈菊琴 刘 博 著

策划编辑:何春梅
责任编辑:肖 翀
助理编辑:徐文佳
责任校对:邓嘉玲
封面设计:张姗姗
责任印制:朱曼丽

出版发行	西南财经大学出版社(四川省成都市光华村街 55 号)
网　　址	http://cbs.swufe.edu.cn
电子邮件	bookcj@swufe.edu.cn
邮政编码	610074
电　　话	028-87353785
照　　排	四川胜翔数码印务设计有限公司
印　　刷	四川煤田地质制图印务有限责任公司
成品尺寸	170mm×240mm
印　　张	13.75
字　　数	233 千字
版　　次	2024 年 4 月第 1 版
印　　次	2024 年 4 月第 1 次印刷
书　　号	ISBN 978-7-5504-6086-7
定　　价	78.00 元

前　言

　　水是自然系统中最为活跃的资源，也是人类赖以生存的生产要素，水资源呈现出资源、生态、经济、社会等多维特性。作为一项必不可少的生产要素，水资源在生产活动中体现出了商品以及市场效应，并在供水、用水、排水环节与社会经济发展相互作用。类似于土地、能源等资源，水资源是影响社会进程的关键要素，其数量与质量对国家或地区的可持续发展具有决定性作用。在我国，近2/3的地区存在不同程度的缺水，水资源消耗加剧、水资源浪费严重以及水环境急剧恶化是导致缺水问题的主要根源。在用水竞争加剧、水生态状况不断恶化的情况下，国内外学者对水资源的关注程度越来越高，诸多学者对水资源核算等领域进行了初步探讨，形成了较为完善的水资源核算体系。由于水资源系统的流动性和循环性，水资源资产概念模糊、负债的认定存在分歧，在实物量及价值量核算方面均存在较大难度，已有成果仍存在一定的局限性。

　　本书在分析国内外水资源资产系统、水资源资产及负债核算相关研究的基础上，对水资源资产及负债的概念与理论基础进行阐释，设计水资源资产及负债核算的理论框架；基于水循环理论和产权理论分析水资源资产及负债的形成机理，提出了水资源资产及负债的确认条件，分析了水资源资产及负债核算的边界；构建了水循环模式下水资源资产实物量核算模型和最严格水资源管理下水资源负债实物量核算模型；结合水资源资产及负债实物量核算结果，构建了水资源利用系统动力学模型，模拟预测不同路径下的水资源资产及负债的变动情况；根据水资源资产及负债核算研究中存在的主要问题，提出推行水资源资产及负债核算的对策建议，以期为在各行政区域层面开展水资源资产及负债核算工作提供参考与借鉴。

　　本研究的创新点主要包括：

（1）分析政府责任下水资源资产及负债的形成机理和确认条件。基于水循环理论和资源价值论，详细解析了水资源资产系统及其演变规律，分析水资源资产及负债形成的客观要素，通过分析水资源资产的权属设定，根据公共受托责任理论分析水资源资产及负债形成的制度依据。在此基础上结合会计学中资产与负债的确认分别提出水资源资产及负债的确认条件。通过多层次深入剖析水资源资产及负债的形成机理及确认条件，深化了水资源资产及负债核算的研究基础。

（2）结合水资源资产核算的边界，构建基于多元水循环的水资源资产实物量核算模型。从不同角度梳理水资源资产核算的边界界定方法，厘清了各种界定方法之间的关系。基于水足迹分析方法，构建了多元水循环下的水资源资产实物量核算模型，反映生产生活中直接利用的实体水资源资产情况和对外贸易及区域间贸易中虚拟水资源资产的流动情况，真实体现社会经济活动对水资源的需求与利用。

（3）结合水资源负债核算的边界，构建基于最严格水资源管理的水资源负债实物量核算模型。从不同角度梳理水资源负债核算的边界界定方法，厘清各种界定方法之间的关系。综合考虑水资源利用与水污染物排放情况，分析水资源负债与可供水量、取水环节直接用水量及排水环节灰水量之间的关系，构建最严格水资源管理下的水资源负债实物量核算模型，反映社会经济活动产生的资源环境影响。

（4）结合水资源资产及负债的核算对水资源利用进行预测分析。从水资源利用系统的内部构成和外界条件出发，构建水资源利用系统动力学模型，分析在系统要素的多重反馈和循环作用下水资源利用系统的运行过程。通过调整关键影响因素进行路径设定，观测不同路径下的水资源资产及负债的变动情况。

目　录

第一章　绪论

第一节　研究背景

水资源是与人类生产生活息息相关的自然资源和战略性资源要素，水资源的数量及其水质状况直接影响到人们的生存条件及社会经济的稳定发展。联合国于 2015 年发布了 2030 年可持续发展议程，提出 17 项可持续发展目标（Sustainable Development Goals，SDGs）。其中，SDG6 和 SDG12 的核心是强调水资源对未来全球实现可持续发展的重要意义。在全球气候变暖导致水循环发生变化的背景下，极端降雨和极端干旱等事件的发生频率随之增加，超过 20 亿人口生活在水资源紧张的国家和地区[1]。到 2030 年，全球近半数的人口将面对缺水危机[2-3]。与此同时，尽管人类所采取的掠夺式的水资源开发方式能满足基本生产生活的需要，却是以生态环境遭到不可恢复的破坏为代价的。2021 年联合国世界水资源发展报告显示，全球接近 80% 的工业和城市废水未经处理就直接排放到环境中，引发水环境污染危机。中国的水资源极度匮乏，接近 2/3 的地区面临着缺水问题[4]。人口数量庞大、资源消耗加剧且浪费现象不断、水生态状况急剧恶化是引起水资源问题的重要原因。随着近年来《中共中央 国务院关于加快水利改革发展的决定》（中发〔2011〕1 号）、《国务院关于实行最严格水资源管理制度的意见》（国发〔2012〕3 号）、《国务院办公厅关于印发实行最严格水资源管理制度考核办法的通知》（国办发〔2013〕2 号）等政策的连续出台，水安全已经上升到关乎经济稳定、生态和谐以及国家安全的重要地位。

（一）水资源供需矛盾制约我国社会经济和谐发展

水资源是维持日常生活和支撑社会发展的重要资源，人们对水资源不断增长的需求已引起社会的关注。目前中国人均淡水资源量约为世界人均淡水资源量的 1/4，中国属于全球范围内 13 个典型的水资源缺乏国家之一[5]。此外，水资源丰富的南方地区和水资源匮乏的北方地区之间存在明显的水资源分配差距[6-7]。为了转变水资源空间分布失衡的局面，我国实施了"南水北调""引黄入晋""引滦入津"等调水工程。考虑到跨区域调水所能引调的水资源规模有限，无法完全满足调入区域的社会经济用水需求[8]，除了水资源的实体调控外，贸易中所隐含的虚拟水的流动和消费也对实体水资源的空间分布产生了重要的影响。嵌入虚拟水的商品的流通和交易会对水资源的供给和利用形成反馈作用。以粮食为例，北方地区农业部门消耗大量水资源甚至消耗从南方调配的水资源进行粮食生产活动，但所生产的粮食除了满足当地需求外，同时也通过贸易形式被南方地区消耗，产生粮食贸易下大量的虚拟水资源流动，加剧了北方地区的水资源短缺形势，甚至加剧了社会经济系统中不合理的水资源浪费[9-10]。

（二）不合理的利用方式加速对水资源系统的破坏

水资源系统在被自然规律和人类行为方式影响的情况下，其循环系统中的各个环节均产生变化，这改变了水资源系统的基本特性。在特定的情境下，人们的生产生活方式所引起的反馈作用加剧了水资源系统的脆弱性。为了在短时间内能够满足社会经济日趋增加的用水需求，人们往往采取加速开发地下水、超量抽取地表水、大量建设蓄水设施等方式取得水资源，并将其应用在农业、工业生产环节中，这将会引起相当可观的水资源耗减。同时，生产环节的超额用水将占用生态用水，引发水资源配置失衡问题，直接导致湿地规模骤减、地表水位降低、土地荒漠化等生态环境危机。在生产生活环节水资源利用量持续增加的情况下，废污水的排放规模随之加大，由于废污水的处理及循环利用技术较为落后，不符合排放标准的污水直接被排放至自然界。1994 年淮河水污染事件[11-12]以及 21 世纪以来的松花江苯污染事件[13]、太湖蓝藻暴发[14]等一系列的事件使得水体质量遭受严重损害，人们逐渐意识到水资源问题越来越突出。"水量型"短缺和"水质型"污染限制了我国的社会经济发展进程。

（三）政府实施最严格水资源管理制度推动水资源可持续发展

《中华人民共和国宪法》（以下简称《宪法》）规定，矿藏、水流、森林、山岭、草原、荒地、滩涂等自然资源，均为国家所有。国务院水行政部门的职责是对各省市的水资源进行统筹监督和管理。各省市水利厅依据中央和省委对水利工作的部署，代表国家履行管理职责。作为水资源管理的职能部门，政府部门对水资源的开发利用具有重要的影响。结合《中共中央 国务院关于加快水利改革发展的决定》（中发〔2011〕1 号）的思路，为解决水资源供需问题，2012 年国务院提出了《国务院关于实行最严格水资源管理制度的意见》（国发〔2012〕3 号）。最严格的水资源管理制度对水资源的开发利用总量、使用效率以及水功能区纳污总量进行强制规定，即"三条红线"，在制度上促进经济发展和水资源环境协调发展。"三条红线"是一个系统化的制度，覆盖了水资源的取、用、排整个流程，三者之间紧密相关并互相约束，通过三者的有效联动，推进政府部门对水资源"质"与"量"的集中管理。

（四）水资源资产负债核算助力摸清家底，是履行所有者职责的重要支撑

为在现有的水资源管理制度下推动国家和地方政府对水资源实施有效的宏观和中观管理，探索如何实现对水资源资产及负债的科学核算是重要的基础工作。国家统计部门在 2015 年启动了水资源资产负债表编制的试点工作，与此同时，在学术界也逐步展开了水资源资产核算及水资源资产负债表编制的研究工作。水资源的循环性、流动性、可再生性以及随机性的特征赋予了水资源资产不确定性，水资源资产量不完全等于水资源量，而且不适用于"期末存量＝期初存量+期间变动量"这一平衡公式[15-16]。在缺乏水资源资产及负债核算方法的情况下，水资源资产负债表的编制研究大多仅限于水资源资产存量及变动表的编制层面，并且所编制的报表中体现的仅限于水资源的数量，并未真正展现出水资源资产和水资源负债要素。水资源资产及负债所核算的对象均涉及人类对水资源的开发及利用过程。水资源资产及负债的核算，归根到底是对水资源资产产权关系的界定和计量。从产权层面而言，政府是自然资源的管理者，应对水资源利用过程中形成的"负债"承担相应的义务及主体责任，并监管用水主体的用水行为。开展水资源资产及负债核算工作，有助于政府部门积极实施高效的管理措施，多方位、深层次地加强管理在合理开发、利用、保护水资源中发挥的关键作用，推动水资源的可持续利用，有效缓解水资源危机。

在上述背景下，亟须在多元水循环模式下分析水资源资产系统演变规律，结合公共受托责任理论下政府对水资源管理的要求，构建一套科学合理的水资源资产及负债核算方法。

第二节 研究目标及意义

一、研究目标

本研究的总体目标是从政府责任视角进行水资源资产及负债的核算，具体研究目标包括：

（1）揭示水资源资产及负债的形成机理并提出确认条件，形成水资源资产及负债核算的理论框架。首先，分析多元水循环模式及多元水循环下的水资源资产系统，探讨水资源资产系统演变规律，并分析水循环过程中的外部不经济问题；其次，围绕水资源资产产权制度的演变过程，分析水资源资产的权属设定，探讨政府面对用水矛盾所作出的水资源管理决策选择及行为策略演化趋势；最后，结合会计学中资产与负债的确认提出水资源资产及负债的确认条件。

（2）构建水资源资产实物量核算模型。首先，根据不同的角度梳理水资源资产核算的边界界定方法，厘清各界定方法之间的关系；其次，以多元水循环理论为基础构建水资源资产实物量核算模型；最后，计算我国省域层面水资源资产实物量，并对计算结果进行分析。

（3）构建水资源负债实物量核算模型。首先，从不同角度梳理水资源负债核算的边界界定方法，厘清各种界定方法之间的关系；其次，以最严格水资源管理为基础构建水资源负债实物量核算模型；最后，计算我国省域层面的水资源负债实物量，并对计算结果进行分析。

（4）结合水资源资产及负债的核算对水资源利用进行预测分析。为提高社会经济与水资源环境承载能力的协调程度，利用系统动力学仿真模型进行仿真模拟。首先，定性分析水资源利用系统的框图和因果反馈关系，通过调整关键影响因素进行路径设定；其次，对模型进行直观检验、有效性检验及灵敏度分析；最后，设定不同的发展模式，模拟各方案的结果，对比分析不同方案下水资源利用情况。

（5）为了保障水资源资产及负债核算工作在实际执行过程中可以高效、稳定地进行，提出推行水资源资产及负债核算的对策建议，确保水资源资产及负债核算能够在各级行政区域顺利展开。

二、研究意义

本研究对于完善国民经济核算体系、推动水资源价值核算研究、落实水资源资产化管理水平评价研究等具有重要的理论意义；对于提升水资源资产系统治理能力、提高水利行业管理决策水平、促进相关部门考核机制完善等具有重要的应用价值。

（一）理论意义

第一，有利于拓展自然资源资产核算体系，完善国民经济核算体系。水资源资产是重要的国有资源性资产，也是人类生产生活无法缺失的物质要素，水资源资产实物量核算是实现水资源资产保值增值的核心基础。水资源存在循环性、重复利用性及随机性等特征，导致水资源资产具有不确定性。相比于其他自然资源，对水资源资产开展核算具有一定的挑战性，远远难于森林、土地等其他自然资源。本研究构建水资源资产实物量核算模型，对于开展其他自然资源资产的核算同样具有参考价值，从而有助于推动自然资源资产核算体系的完善，丰富国民经济核算体系。

第二，有利于创新水资源资产核算理论，推动水资源价值核算研究。水资源资产核算是国民经济核算体系的重要构成，具体核算对象除了水资源资产的数量外，还涵盖了质量、价值量等多个方面。水资源资产实物量核算是水资源负债实物量核算的基础，是实现水资源资产负债表编制的重要前提。本研究以水资源循环为依据，分析总结水资源资产系统演变规律，在此基础上可以创新水资源资产及负债核算理论，通过分析水资源资产及负债实物量核算模型的构建，同时也可推进水资源资产及负债价值量核算研究进程。

第三，有利于完善水资源资产化管理理论，落实水资源资产化管理水平评价研究。水资源资产化管理水平评价是评判水资源管理部门管理效果的重要依据。较长时期内水利部门强调推行水资源资产化管理，但是相关管理者缺乏资产化管理的概念，加上学术界理论基础不足，使得水资源资产化管理评价工作无法进行。而水资源资产及负债核算可以充分反映水资源开发利用程度及资产化管理水平，从而为完善水资源资产化管理理论、落实水资源资产化管理水平评价、提升水资源资产化管理水平提供准确的数据支撑。

（二）现实意义

第一，有利于促进水资源的优化配置，提升水资源资产系统治理能力。在"节水优先、空间均衡、系统治理、两手发力"的方针下，核算水资源资产及负债实物量有助于水利部门管理者掌握水利经济的运行规律，明晰水资源资产的产权关系，掌握国民经济运行过程中水资源资产利用的数量特征，认清水资源资产的供需矛盾，明确区域、企业和社会公众之间的经济关系，从而有效推动管理者对有限的水资源进行高效分配，平衡好用水主体的基本权益与用水整体目标最优之间的关系，极大程度上提升水资源的利用效率，保障水资源的可持续利用，维持社会经济的平稳运行。

第二，有利于转变水资源管理者的管理理念，提高水利行业管理决策水平。通常情况下水资源管理主要采用行政方式，国家是水资源的所有权主体，但由于不能反映其经济权益，所以水资源资产所有权形同虚设。在市场经济下，水资源资产化管理是将水资源作为一项特殊的资产对其进行管理和经营。考虑到当前的水资源资产化管理尚处于传统的水资源统计阶段，本研究通过对水资源资产及负债进行核算，重点反映社会经济发展对水资源资产系统的影响，使得水资源管理者能清晰掌握水资源资产及负债的形成机理，转变传统管理理念，根据水资源资产及负债的核算过程及结果进行科学的分析与规划，为解决水资源供需问题、保护水生态环境、制定水资源开发利用政策提供依据。

第三，有利于提供水资源管理评价依据，促进相关部门考核机制完善。自然资源资产监管属于政府部门的职责，包括对自然资源资产状况的监测、自然资源资产开发利用程度的监管。水资源资产作为自然资源资产的主要构成之一，对水资源资产及负债的核算研究能够全面客观地反映核算区域内水资源实物量状况及供需变动状况，是水资源核算统计制度的重要创新，其作为信息基础可以为核算区域内领导干部的绩效考核、领导干部自然资源资产离任审计及"河长制"管理提供评价依据，推动建立科学的水资源资产管理效果评价指标体系，促进相关部门实现考核机制的完善。

第三节　国内外研究现状及评述

通过对国内外相关文献进行收集和整理，本研究拟从环境会计、水资源资产系统、水资源资产及负债的概念和特点、水资源资产及负债的核算方法、水资源资产化管理等方面进行研究与分析。

一、环境会计相关研究

(一) 环境会计的概念

20 世纪 70 年代，Beams 的《控制污染的社会成本转换研究》一文的发表，标志着环境会计成为会计研究的全新领域。在此之后，人们对环境会计的研究逐步深入，1990 年 Gray 的《绿色会计：Pearce 之后的会计职业界》的出版使得环境会计成为国际上诸多学者广泛关注的重点议题。他指出环境会计的本质是"一种反映人造资产和自然资产增减的会计，最关键的是在二者间转换的会计"，即环境会计主要是核算和披露人造资产、自然资产以及不同资产之间的类别转换[17]。

随着研究的深入开展，学者们从多方面对环境会计相关理论进行创新性探索。国外学者对于环境会计内涵的界定如下：Beams 指出环境会计是"向特定信息使用者或社会公众提供具体核算主体经济活动的环境与社会影响信息的过程"[18]。美国环保署将环境会计分成国民收入会计、财务会计与管理会计[19]。对于环境会计的划分涉及宏观层面和微观层面，现阶段学者的研究主要从微观层面展开。此外，还有学者进一步将环境会计分为传统环境会计（即管理会计、财务会计）与生态会计，并指出环境会计必须充分体现核算主体与环境之间互动反馈的过程[20]。

我国环境会计的研究始于 20 世纪 90 年代，葛家澍和李若山发表了《九十年代西方会计理论的一个新思潮——绿色会计理论》，此后环境会计正式成为学者研究的崭新领域[21]。关于环境会计的代表性定义包括：徐泓指出环境会计作为会计学的分支，其具体程序包括确认、计量及报告[22]；许家林和孟凡利提出环境会计的基本原理并未脱离传统会计，需要结合各种会计计量属性，披露核算主体的环境活动和环境相关的经济活动[23]；袁广达将环境会计作为传统会计的分支，采用货币与非货币为计量方式，根据环境保护相关政策反映经济社会发展与环境之间的关系，核算会计主体的环境绩效与环境活动的财务支出[24]。

环境会计是将环境学、环境经济学与会计学相结合的综合性研究领域。刘明辉和樊子君认为环境会计既包括以单一主体为核算对象的微观环境会计，还包括以国民经济为核算对象的宏观环境会计。此外，类似于将会计划分为财务会计与管理会计，环境会计也可分为外部环境会计与内部环境会计[25]。孟凡利认为环境会计需要遵循会计基本原理与方法，且必须结合环境学、环境经济学（包括污染经济学、资源经济学、生态经济学等分支学科）、发展经济学等学科的理论和方法，最终形成一套完整的环境会计理论方法体系[26]。此外，他认为环境会计中需要设置会计主体，该主体作为社会体系中的一个单元与环节，需要承担一定的社会性责任，否则将难以建立环境会计体系。此外，不仅仅需要考虑会计主体的经济利益，还需要将会计主体的环境效益以及两类效益相组合。与传统的会计计量相比，环境会计计量也发生了较大的变革，既存在货币计量，也会频繁用到实物计量，在货币计量过程中除了涉及历史成本外，也会采用其他计量属性[27]。

（二）环境会计的目标

会计目标作为会计理论体系的逻辑起点，成为环境会计理论的核心研究内容之一。孟凡利认为不管将会计作为信息系统还是管理活动，其目标均是对外提供有用的会计信息。这一理念也适用于环境会计，即环境会计的基本目标是向信息使用者提供有用的环境会计信息[28]。朱学义和安庆钊提出环境会计的目标是为管理人员、政府部门、债权人以及公众披露环保、公害防治以及消除等环境信息[29-30]。杨世忠和曹梅梅提出环境会计从价值维度体现国家或区域的资源环境开发水平，为政府部门制定社会经济发展战略、调控宏观经济发展以及推动可持续发展提供依据[31]。游静提出环境会计主要为信息使用者提供环境信息，其中环境资产与环境负债作为最基础的环境会计要素，是其他环境会计要素的基础[32]。相福刚将环境会计目标划分为宏观层面目标与微观层面目标，其中宏观层面目标要求企业结合自然环境规律实施绿色生产，提高社会综合效益，微观层面目标是向企业利益主体提供相关环境成本费用信息，同时披露管理层受托环境责任履行情况[33]。Clo等指出通过政府管制的方式能够带来环境质量提升，在环境目标存在缺失或达不到理想状况的情况下，可以采取环境监督等手段实现环境目标[34]。

我国环境会计的发展受到政府的关注，其受托责任对象主要为政府。国内学者以受托责任观为基础，将环境会计的目标设定为"管制有用观"：张晓蓉提出以日本为代表的发达国家将环境问题摆在相当重要的位置，推动了国外环境会计的发展进程，这对于我国政府部门制定与实施环境会计政策具有一定的参考价值与借鉴意义[35]；章茜指出政府管制在较大程度上影响了环境会计的实施，且二者之间具有相互协调作用[36]；李静提出环境法律法规的规范性与系统性对环境会计信息质量产生直接影响，政府需要在整个流程上对企业环境治理实施有效监督[37]；宋梅和田文利提出环境会计信息对政府部门的监管起到补充完善作用，同时高质量的环境会计信息离不开环境法律法规的完善[38]。环境会计的目标主要是解决向谁披露环境会计信息和披露什么方面的环境会计信息问题。环境会计信息使用主体通常包括政府部门、管理人员、债权人以及社会公众等。对于政府部门而言，其主要是根据环境会计信息判断环境活动和环境相关的经济活动的合规性。对于所披露的环境会计信息内容，目前学者们所达成的共识是披露环境受托责任信息，但是对于环境受托责任的详细内容，学者们尚未达成统一的意见。

（三）环境会计的对象

环境会计的对象包括资源与环境两个方面。环境是指人类赖以生存的外部条件的客观状态，通常包括各类资源。资源是指人类能够掌握并利用的各类要素的集合，具体分为自然资源、人力资源、信息资源、财务资源及其他资源等。杨世忠和曹梅梅认为环境会计的对象为环境资源的存储、消耗及转换状态，并指出环境会计所核算的资源特指对环境产生影响的自然资源，即能够用货币量化的自然资源[31]。

孙兴华和王兆蕊提出环境会计的对象为所有的自然资源环境[39]。张百玲认为可以根据自然资源的储存数量、可再生性以及补偿方式的差异，对自然资源划分类别逐一核算，并通过建立账户的形式反映资源存量、使用量及补偿量等情况。其中，对于可再生性资源而言，政府部门应重点关注其使用量与补偿量之间的平衡，并确保尽快恢复其原有状态，达到存量增加和存量减少的平衡；对不可再生资源而言，应限制其贷方的支出，并尽量借助替代资源建立替代资源账户，具体可以设置资源与污染流量账户、环保支出账户等[40]。

二、水资源资产系统相关研究

自然资源资产是指由政府部门拥有或控制的、能够给社会经济系统带来经济效用的自然资源；而自然资源是指在自然状态下并未带来任何经济效用的资源[41-43]。自然资源资产具备系统性特征[44]。系统是指具备特定的结构和用途的集合体，通常由自然系统、人工系统及复合（自然+人工）系统组成。自然系统的构成主要是各类自然物质，包括了生物系统、生态系统及水文系统等[45]。在发展过程中，自然系统和外部环境进行物质及能量的交换与循环[46]。

（一）自然资源资产系统研究

国内外与自然资源资产系统相关的研究大多关注自然系统和人类系统间的相互作用。Holland 和 John 总结提出人类生存发展和资源环境的适应性使得流域系统更为复杂[47]；Dirnböck 等和 Lasanta 等认为产业发展进程影响了植物的生长环境，改变了地区生态系统的特征，并使得草原牧地的物种丰富度受到削弱[48-49]；Liu 等归纳了自然与社会耦合系统的特征[50]。我国学者李新玉较早就提出要统筹考虑社会经济与自然系统之间的关系，提出了由社会、经济、自然构成的复杂系统，同时也强调了自然系统发挥着无可替代的基础支撑作用[51]。邓宏兵（2000）认为社会经济与自然系统在空间上存在耦合特征，在区域层面自然系统对社会经济产生反馈作用[52]。季民河等对自然系统及人类系统分别进行了界定，并分析了多代理模式下的自然及人类系统耦合互动机制，将其应用到美国北部城市土地管理制度的效果评价之中[53]。董世魁等针对全球畜牧业系统不稳定性及边缘化的危机，提出利用"人文—自然"耦合机制保障畜牧业的多元化发展[54]。顾恩国和鲁嘉珺将离散动力学模型应用到自然与环境系统之间的耦合关系分析之中[55]。苗苗和李长健构建了土地利用与社会—经济—自然系统耦合协调模型，提出在不同区域不同规模的城市应积极利用自身的优势[56]。陶建格等认为物质流和能量流是自然资源在生态系统内进行循环的基本前提，也是构成经济系统的重要前提。自然资源在经济和生态系统以物质流和能量流的方式进行循环，在经济系统过度消耗自然资源或过度排放污染物的情况下将会产生资源环境问题，使得生态系统循环不能继续进行，最终导致经济系统失去正常运行的物质基础[57]。

（二）水资源循环系统研究

水资源循环系统是连接自然与社会系统的重要环节，该系统由自然水循环和社会水循环构成，两者之间相互影响并相互制约[58]。国外学者的研究较多聚焦于在不同水资源循环阶段下自然、人工及社会系统之间的协同发展。

Merrett 结合"Hydrological-Cycle"这一概念，初步提出"Hydrosocial-Cycle"理论框架，并基于城市水循环理论提出了社会水循环模型[59]。Falkenmark 分析了自然水循环与社会水循环的相互作用机制[60]。日本"构筑健全的水循环系统省厅联席会"指出从宏观、中观以及微观维度构建水循环系统，分别对应海陆系统水循环、自然—社会水循环、家庭和建筑等内部水循环三个部分[61]。Merrett 研究并构建了包含实体水和隐含水的区域水循环通量平衡分析框架[62]。国际水文科协以"变化中的水文循环与社会系统"作为 2013—2022 年科学探索的重点方向[63]。

王浩等较早提出了"自然—社会"二元水循环论[64]。在水资源的开发利用过程中，实现了单一自然水循环路径向"自然—社会"二元水循环路径的转变[65-66]。陈家琦等分析了社会经济活动对生态系统的影响[67]。此后，学者们陆续以二元水循环论为基础，开展了具体的应用研究。贾仰文等建立了二元水循环理论下的分布式水文模型，以黄河流域为研究对象，验证了水资源的循环过程[68]；随后，将该模型又应用到海河流域水资源调控研究中[69]。王润冬等针对农田水循环过程，利用二元水循环模型进行相应的探索[70]。徐凯等（2014）将二元水循环与多目标优化决策相结合，对水资源调控方案进行分析评价[71]。王喜峰提出水资源资产在本质上和社会水循环通量的口径一致，并将二元水循环论与水资源资产化管理研究进行了有效结合[72]。二元水循环主要以实体水资源为分析对象。除此之外，在经济社会中还广泛存在着包含在货物中并以贸易方式流通的虚拟水，并且虚拟水在较大程度上影响了社会水循环过程[73]。基于此，学者们进一步以二元水循环论为依据，提出了"三元"（自然—社会—经济）水循环论。邓铭江以农产品为例，构建了"自然—人工侧支—虚拟水流动"为基础框架的三元水循环模型[74]；吴普特等（2016）拓展了实体水与虚拟水"二维三元"耦合内涵，提出以不同状态下水资源耦合流动为基础的理论分析[75]。

三、水资源资产及负债的概念和特点相关研究

（一）水资源资产概念及特点

《国际水文学术语词典》中提出，水资源是在特定时间和特定空间内，为满足特定需求的可被取用或经处理后能被利用的水，且其本身具有充足的数量和合适的质量。在理论界中，水资源资产尚未形成被广泛认可的统一概念。目前提及较多的是水环境经济核算系统（System of Environmental-Economic Accounting for Water，SEEAW）对水资源资产的界定。水资源资产是指在本国范围内，能够在某个时期给人类生产生活提供效益并会被全

部消耗的淡水资源[76]。澳大利亚水资源会计准则（Australia Water Accounting Standard，AWAS）将水资源资产界定为：可被计量并且可带来效益的地表水和地下水[77-78]。

自 20 世纪末开始，我国学者展开了水资源的资产特征研究，并对其概念进行定义。在会计层面，水资源是指普遍存在于生产活动中的、被其所有者拥有或控制的、预期将产生经济效益的水[79]。结合水权的特性，水资源具备资产的普适性特征，通过水资源实物量在不同地区及用水主体之间的配置形成所有权，且在实际利用过程中可以带来相应的经济利益。沈菊琴和陆庆春提出能够用作水权交易的水资源是由水利工程所提供或处理后能被利用的水资源。并非所有水资源均可被归为水资源资产进行计量，仅有通过现代技术获取、被人们所控制并使用且可计量的水资源才属于水资源资产[80]。随后，沈菊琴指出水资源可转化为水资源资产，其必要前提包括稀缺性、可计量性、被人们拥有或控制、采用现代科学技术完全取得[81]。也有学者从资源稀缺性、收益性、流动性、脆弱性、不可替代性、更新速度慢等方面阐述了水资源资产的特性，并对水资源和水资源资产进行严格区分[82-84]。

随着研究的不断深入，水资源资产的概念内涵不断完善。孙萍萍等认为水资产由水流资源（即水资源资产）、水利资产、取水许可与水域租赁及水生态系统服务等构成。在这之中，水资源资产包括了内陆范围内全部可被开发并用于人类生产生活的水量资源[85]。陈波参考澳大利亚水会计准则，指出对于用水主体而言水资源资产不仅包括由政府部门配置水权而取得的水资源资产，还包括了由供水计划或水权交易取得的"应收未收的水量"等债权性水资源资产[86]；同时，她设定水资源资产的确认条件为：能够给利益主体提供预期经济利益且实物量能被计量[87-88]。相比于传统意义上的资产确认条件，水资源资产的确认条件不符合"企业过去的交易或事项形成，由企业拥有或控制"要求，这主要是因为水资源资产属于公共物品[89]。孙振亓等提出水资源资产包括四个方面，分别是水体资产、水域资产、水利资产及水环境容量。其中，水体资产即为水资源的量和质；水域资产由水载体、水域岸线及汇流区域构成；水利资产是指水利工程和水文监测等工程设施设备；水环境容量是指在确保生态功能和服务的基础上所能承载污染物的能力[90]。王然等提出水资源资产的确认应满足两个条件：第一是权属性，第二是收益性[91]。

（二）水资源负债概念及特点

国际会计准则理事会将负债的概念定义为会计主体因过去事项而承担的现时义务，该义务的履行会使得经济利益流出主体。在国际上并未给出自然资源资产的定义，国民账户体系（System of National Accounts，SNA）中也并不存在自然资源等非金融负债[92]。目前环境经济综合核算体系（System of Integrated Environmental and Economic Accounting，SEEA）也没有界定自然资产负债的概念，这导致无法明确划分债权方与债务方的权利及义务，并且责任主体难以制定相应的补偿措施[93-94]。对于是否应对自然资源负债进行确认，不同学者的观点之间存在较大的差异。学者们站在不同的角度提出自己对负债内涵的看法。以耿建新为代表的学者提出，SNA和 SEEA 将自然资源视为非金融非生产性资产，在核算中仅在资产部分进行列示，没有体现负债项目，故我国应与这些国际核算体系保持一致，不对自然资源负债进行确认和计量。同时，他提出可以将自然资源资产负债表更名为自然资源资产平衡表[95-97]。但更多的学者对此种观念持否定态度，并提出尽管当前自然资源负债的确认和计量在理论和方法上存在一定的困难，但为了推动报表体系的完善，必须将自然资源负债纳入核算体系[98]。陈艳利等结合自然资源负债核算的现时意义，提出不能忽略负债要素的作用。他指出自然资源负债是在权益主体不合理的利用方式下产生的，并表现为资源开发利用形成的损失及弥补损失而承担的现时义务[99]。张友棠等指出自然资源负债是在不合理的开发方式下，自然环境遭受破坏而产生的净损失，可以用将其复原至初始状态所需的价值进行衡量[100]。黄溶冰和赵谦提出负债是在生态系统治理环节或将其恢复至原有自然资源形态所需承担的代价[101]。张卫民等认为，负债是当前自然资源状态与法定红线目标之间的差距，是自然资源责任主体对资源与环境的"欠债"以及应承担的偿还责任和义务[102]。尽管对自然资源负债的内涵存在分歧，但总体上都认可自然资源负债账户是用作核算自然资源开发利用中的资源消耗、环境损害及超过资源管理红线的超额支出[103]。沈镅等认为导致资源过度消耗、环境污染及生态破坏的主体即为负债的主体，并结合实际情况进一步把自然资源负债主体界定为地方政府、集体及个人，或是相应的自然资源主管部门[104]。

对于水资源负债的概念，AWAS 体系将其界定为使得水权益主体水资源资产减少而其他水权益主体水资源资产增加的当期债务。对于管理者而言，应根据规划定期向用水主体供应规定份额的水资源资产。如因水文年和财政年在时间上的差异而导致发生应供未供的水资源资产，则归为水资源负债进行核算。这一部分水资源量在当期实际并未被使用，将在下一核算期间用水分配中得以使用[105]。在 AWAS 体系中，水资源负债体现了各用水户间的用水份额挤占，由于并没有考虑到环境因素，故无法显示出人们生产生活对环境造成的影响。Luiten 和 Groot 提出当水环境质量不符合既定标准时，意味着水资源无法实现其供给功能[106]。对于水资源负债概念的界定，当前学者尚未达成一致观念。参照 SEEA 和 SNA 体系，也有学者提出国际上只存在资产的计量而并没有负债的核算，故我国没有必要去对水资源负债进行核算；或指出水资源负债核算的复杂性，需回避对其开展研究。持"水资源负债存在论"观点的学者对水资源负债的界定存在分歧。当前的主流观念分为三类：一类是水资源的消耗成本及产生的生态环境损失；一类是以红线为判定标准的资源约束，即水资源的耗减、水环境的污染及水生态的破坏；还有一类是社会发展对水资源造成的"负外部性"及维持成本。

结合现有研究，水资源负债形成的主要原因是生产生活中的用水方式对水资源数量、质量、水环境及水生态系统产生的消极作用及较难恢复的破坏。如果某个区域的水资源开发利用程度高于 30%～40%，就会面临水资源环境危机及一系列其他后果[107]。不管是从技术层面还是水资源可持续发展角度，区域水资源开发利用程度均不应为 100%，而是应该考虑将水资源承载力的 60% 及以上部分分配给生态需水以确保环境系统正常运行。魏玲玲提出，用水主体对水资源开发利用产生负面影响，水资源负债是为缓解这种负面影响而需要承担的现时义务，可利用"红线"为标准进行确认[108]。周普等认为一些地区因超额开发利用水资源导致地面下沉、咸淡水界面下移等情况，从而引发水资源供需问题，这种超额利用形成的水资源负债（即超用水量）与水量分配相关[109-110]。黄晓荣等指出现行的法律法规明确了水资源的分配比例，当经济活动利用的水资源超过了法律赋予的权限总额时，过度消耗的水资源量即为水资源负债[111]。

关于如何实现水资源负债的确认，贾玲等提出应首先以环境为虚拟主体，在此基础上明确水资源资产和用水主体享有的水资源权益，以水资源权益份额作为确认水资源负债的临界点[112]。唐勇军等认为，水资源负债的确认需同时符合所有权主体与使用权主体对应存在、能被可靠计量两个条件[113]。汪劲松和石薇提出水资源负债属于联合负债，需要从水资源数量和质量两个方面设置相应的阈值，结合取水权与排水权的分配实现对水量负债及水质负债的确认[114-115]。黄晓荣等以我国最严格水资源管理制度为依据，将各时期实际用水量、用水效率、水功能区水质达标率与三条红线进行比较，当超过红线规定时，将其差额确认为负债[116]。这种思路仅为理论上的探索，并没有结合具体案例作出进一步的核算分析。周志方等指出水资源负债的确认应从最基础的负债概念出发，根据报表编制的最终目标对水资源负债进行重新界定，并尽量避免以"环保支出""资源消耗"等作为确认依据。他认为水资源负债是过去的经济活动或预期事项导致的水资源量和质的损失，即水资源损耗价值和水质降级价值[117]。

四、水资源资产及负债核算相关研究

相比于传统的核算范畴，自然资源核算所涵盖的范围更为广泛，并涉及收入及社会福利的核算。自然资源核算的最终目标是反映经济活动下自然资源利用变化情况，以防止国家或地区陷入经济繁荣陷阱，即以环境破坏和健康危害为代价的经济增长之中。自然资源核算以定量的方式评估自然资源的枯竭和退化程度，进而评价经济增长方式的可持续性。自然资源核算将环境价值纳入传统的核算范畴，并将其与社会经济关联起来，为人们合理开发利用并保护自然资源提供参考依据[118-119]。自然资源核算主要涉及三个方面，分别是基于环境经济和经济分类的实物量核算、参照 SNA 体系连接实物量与价值量的混合核算以及考虑 SNA 核算准则差异的价值量核算[120-122]。现有研究主要侧重于实物量核算，而实物量核算主要是针对期初余量和期末存量的核算。

随着研究的不断深入，水资源资产及负债的研究逐步从概念内涵拓展到核算计量，具体包括水资源资产及负债的实物量核算和价值量核算。

（一）水资源资产实物量核算

在 2014 年，联合国统计署发布了《2012 年环境经济核算体系：中心框架》（SEEA-2012），作为国际上第一个环境经济核算的正式标准[123-128]。SEEA 体系是量化区域内核算期间水资源存量及其变动的主要依据。在综合分析地表水与地下水之间影响机制的前提下，设立水资源核算账户，对地表和地下水资源进行计量。在核算水资源资产实物量环节，通常会与降雨径流模型相结合。

澳大利亚、挪威、荷兰、芬兰等国家对自然资源的核算研究起步较早，并且取得了一系列的研究成果[129-133]。在1971年，挪威首次以水资源作为核心的环境资源对其存量及流量进行核算[134]。澳大利亚结合SEEA体系对水资源的核算展开了深入的探索，在具体核算实例中，水资源被视为一种现金流，根据复式记账法的要求对水权益主体进行计量[135]。由于存在水的收入和支出情况，在对水资源静态分类的前提下，结合实物量特征，以体积作为单位，对各类水资源的供给和使用进行动态划分，反映水资源资产期初、期末的存量状态及其变化。荷兰利用SEEA的框架体系和核算范围对其领土内的水资源展开核算[136]。博茨瓦纳以自然资源的核算作为自然资源管理的主要方式，并针对水资源核算领域进行了专门研究[137]。Peranginangin等利用改进的M-S平衡等式评价印度尼西亚的地表水及地下水资源的存量和预期使用性能[138]。Vicente等研究了SEEAW核算体系在西班牙Jucar河水域的应用，并采用水循环模型和水资源模型丰富了SEEA中水资源的核算框架体系[139]。

当前我国的水资源统计核算工作通常由政府部门进行统一负责，核算覆盖国家和地区范围的水资源的获取、供应、使用及排污等过程中的水资源数据。但由于无法实时显示用水主体的涉水活动情况，所以无法对用水主体的涉水活动进行客观有效的监督和评价，更无法科学体现涉水活动对社会经济系统造成的影响[140]。目前我国开展水资源资产核算的主体分为三类：一是由统计部门负责，水利部门和科研机构参与；二是由水利部门负责，统计部门和科研机构参与；三是由科研机构负责，水利部门和统计部门参与。

关于水资源资产量的具体核算，沈菊琴等在以人为划分流域为核算单元的基础上，利用直接估算法计算潜在水资源资产量，并结合供需平衡法量化流域水资源资产量[141]。赵泓漪等以怀柔区水资源的开发利用为依据，编制水资源资产核算原则和核算框架，对核算要素划分类别并分别进行核算，其分析方式与报表有所区分[142]。宋晓谕等认为对空间范围内水资源的期初、期末存量及变化量的计量能够体现出该地区的水资源利用程度。对于水生态资产状况，可以根据区域范围内的土地利用信息或提取的遥感影像对期初和期末的水域面积进行统计，并计算水域面积的变动状况，以反映水生态资产的特征[143]。朱婷和薛楚江提出水资源的流动性与可再生性加大了对其进行数量核算的难度，但可根据水资源的静态计量和实际供用数据进行分析[144]。胡诗朦引入水质指标修正了水资源实物量表，并使用基于内梅罗指数的"相对河道长度"模型，核算了水资源资产实物量的相对值，体现水质提升对资产实物量的积极影响[145]。

(二) 水资源资产价值量核算

自 20 世纪 70 年代开始，学者们开始对水资源的价值进行研究。水资源价值是为获取单位体积水所需承担的最大成本[146]。进入 80 年代后，研究者的研究转向了水资源质量问题，探讨水质变动下的水资源使用价值变化情况[147]。Greenley 和 Young 评估了南普拉特河盆地的水质选择价值和保护价值[148]。Bockstael 等在结合系统需求模型、离散选择模型及享乐旅游成本法的基础上，构建了娱乐需求模型，并核算了水质改善价值[149]。在此之后，学者逐步开始聚焦于农业用水的水资源价值。Mmopelwa 以博茨瓦纳三角洲为研究对象，采用收益现值法核算了地区水资源经济效益[150]；Medellin-Azuara 等使用农业用水经济需求模型对里约热内卢—盆地的农业用水经济效益进行评估[151]。Heald 和 Georgiou 研究了全成本定价法下水资源价格与水量之间的关系[152]；Berbel 等考虑将水作为一项生产要素投入，采用剩余价值法对西班牙的灌溉用水价值进行计量[153]。Miller 等将离散化方法、非线性和线性代数法与水资源价值核算相结合，为构建水资源价值核算模型提出了新的解决思路[154]。Pedro 等在 AQUATOOL 决策支持系统的基础上，构建水文水资源模型对海安达卢西亚河流域西班牙段水资源数量和价值量进行核算，并编制了相应的报表进行反映[155]。在此期间，《欧盟水框架指令》的签署使得人们对水资源的保护与利用进入了新的篇章。水资源的价值除了经济层面以外，还涉及非市场效益，良好的水生态环境被纳入众多国家的发展目标。随后水资源价值的核算研究逐步完善，如利用条件价值法分析改善海岸水质的支付意愿[156]，利用系统动力学探索政策的制定对拉斯维加斯水资源价值的作用[157]，利用随机规划法分析梯级水电灌溉水库的边际价格[158]，研究多准则分析与选择实验法的结合是否适用于核算水质变动的非市场价值[159]，以影子价格法核算美国高地平原的灌溉用水价格[160]，采用能值理论核算水体的恢复成本[161]及水资源的自身价值[162]等。

为转变国内"资源无价"的传统观念，诸多学者对水资源价值开展了不同维度的研究。李金昌从资源价值观念、理论及方法层面建立了自然资源价值评价方法及价格模型[163]。姜文来等指出水资源价值评价系统的复杂性特征，并认为可利用模糊数学方法建立综合评价模型核算水价值，这开创了水资源价值核算研究的新思路[164-166]。王浩等指出诸如影子成本法、边际成本法、极差收益法等水资源资产价值核算方法对数据的要求较高，无法满足数据获取需求，应结合经济学方法对水资源价值进行探讨[167]。沈菊琴等提出要结合会计学的理论及方法，并利用成本法、收益法、替代法等方法核算水资源资产价值[168-171]。毛春梅和方国华认为水资源价值作为一项耦合价值，是在自身价值、增加价值和损失价值的作用下实现的。其中，水资源在生产活动中的增加价值表现为水资源被工业、农业、生活、环境等部门利用而产生的增值，其损失价值是指水资源利用在社会经济和环境中给人类带来的危害情况[172]。

部分学者尝试对核算模型进行改进或创新，实现对水资源资产价值的核算研究。高鑫等通过划分水资源资产价值为自然资源价值、景观价值和享受价值，并分别利用物元分析法和替代市场法核算水资源价值量[173]。秦长海分析了水资源价值论和供需价格的关系，利用均衡价格模型对水资源价格进行计算[174]。简富缋等改进了水资源价值核算方法，利用层次分析法对水量、水质以及人口指标的权重进行计算，并实现对水资源资产价值的计量[175-176]。牟秦杰等利用替代工程法和污染治理成本法分别对工程需水保水价值及河流水环境质量价值进行核算，以此反映水资源资产的价值[177-178]。刘海玉等从生态系统服务功能角度出发，利用市场法、替代工程法以及旅行费用法对水资源的生态系统服务价值进行货币化计量[179]。钟绍卓将能值理论应用到洱海流域的水资源价值核算中，评价不同水体的自然资源属性及社会经济效用[180]。杨梦婵等以治污成本法反映水环境质量与污染治理成本之间的数量关系，并对深圳市公共用水和饮用水资源的价值进行量化[181]。卢真建提出水资源作为公益性商品，其价格并不具备市场竞争力，因而无法真实体现出水资源的价值[182]。徐琪霞和韩冬芳选择直接市场法核算水资源的价值，并指出水资源的经济价值为其总价值的30%，而生态价值占其总价值的70%，结合这一比重，单位水资源的生态价格为单位水资源经济价格的7/3[183]。贾雨蔚将水足迹方法应用到水资源价值核算中，利用产品虚拟水足迹和市场价值法对水系统中产品"嵌入水"进行价值核算[184]。喻凯和双羽分析了水力发电工程中的水体循环过程，综合考虑发电成本和收益构成，建立了水资源资产货币化计量模型[185]。

（三）水资源负债实物量核算

水资源负债核算可以体现在水资源权益配置前提下经济主体与环境之

间的债权债务关系[186]。当水资源负债长期存在时，将严重影响水资源环境的可持续状态。王西琴等通过划分用水子权益主体，计算应配水量、实际用水量、挤占其他权益主体用水量，反映各主体自身水权及相互之间的债权债务关系，并最终计算出上下游及经济用水单元间的水资源负债[187]。曹升乐等计算了因现状水质与目标水质之间存在差距而形成的水质负债及因水资源利用效率低于预期而形成的用水负债[188]，在此情况下，水资源总负债为单位水资源负债与水资源总量、综合负债指数及水分摊系数的乘积[189]。芦海燕对我国黑河流域的法定水资源负债、地表水资源负债、地下水资源负债进行核算，并将核算结果作为流域生态补偿标准确定的依据[190]。杨裕恒等将河流治理现状与降水因素相结合，构建了河流动态资产负债核算模型[191]。石晓晓指出水资源负债的实物量核算主要用来反映经济活动对水资源数量和质量的影响，以地区可供水量阈值为控制指标对超量用水进行计算，即为水资源耗减量；同时对所有入河污染物进行计量，即为水环境退化量[192]。陈波等根据通用目的水核算报表编制要求，对供水主体之间因水量分配调整、水分配宣告、应供水量增减等事项引起的水资源负债数量变动情况进行核算[193]。王欣将水资源超用量和水资源污染量作为水资源资产负债实物量表中的负债核算项目，并结合目标水质进一步对水资源污染量进行细分[194]。

（四）水资源负债价值量核算

针对因生态破坏而导致经济受损的核算方法较多，包括市价法（生产率法）、机会成本法、恢复费用法、替代市场法等[195]。肖杨等综合考虑社会经济运行阶段性特征下水资源的供需矛盾、降水补给变异特征及水质状态，构建水环境退化模型并将其应用到湖州市水环境退化成本核算之中[196]。邢智慧等通过对太湖流域水资源量进行测算，并利用防护费用法和水环境退化估价法核算流域的水环境退化成本[197]。姜秋香等结合SEEA和SEEAW体系，利用影子价格法分别核算水资源及环境的耗减成本、退化成本及保护成本[198]。刘彬等在水生态资产评价体系中纳入了水资源耗减、水环境破坏及水生态退化等负向指标，并构建了反映水生态环境价值的水生态价值核算模型[199]。孙付华等对水资源耗减价值进行分类，并结合水污染的时空性和累积性对水环境污染损失按核算分期进行合理分摊[200]。唐勇军和张鹭鹭指出对于水生态系统的退化成本和预期需承担的恢复成本在短时间内较难实现有效估算的，可用当期支付的环保费用作为替代以量化水资源负债价值[201]。陈龙等从污染治理成本、生态恢复成本、生态维护成本三个方面对水资源负债进行分类,以茅洲河为例核算该区域范围内水资源负债价值量[202]。张燚等核算了长流陂水库污染治理、生态恢复及生态维护投入,将其作为该水库饮用水资源负债价值[203]。张琳玲从消耗成本和退化成本两个方面对水资源价值进行划分,其中耗减成本可由超过开发利用控制红线的水量乘以单位水价进行计算得到,退化成本可根据水环境退化经济损失模型计算得到[204]。冯丽等以权责发生制为基础对水资源负债进行分类,并核算了滨海新区涉水活动产生的许可性水负债、借用水负债、环境水负债和生态水负债[205]。田贵良等对黄河流域地表水及地下水资源耗用、地表水自然减少量、污染治理成本进行核算,并对其进行加总作为水资源负债价值[206]。

五、水资源资产化管理相关研究

(一) 水资源资产化管理研究

为解决缺水问题,很多国家在长期的水资源管理实践中已经逐步形成了符合可持续发展目标的现代水资源管理体系,并已采取了科学的节水措施和构建了较为完善的水权交易市场[207]。早在20世纪中期,美国的水利开发工程已经初步建成,之后的水资源管理任务主要包括提高用水水平和减少污染排放。在水资源管理上,美国并没有全国范围内统一的水资源法律,而是由各个州分别进行立法。大多数州都设有水资源管理局,作为当地的水主管部门,行使政府水资源管理权力,具体内容包括通过州议会立法、执法、进行水权分配和水资源评价等。在美国,水资源是一种私有财产,且能进行交易。政府部门利用水权市场的调节作用,实现用水效率和效益的提升。自20世纪末开始,澳大利亚逐步实施了COAG水改革,具体涉及水资源产品的价格核定、利用市场化方式对水资源进行管理、对水资源产权进行分配并允许进行交易以及提高水资源重复利用程度等[208]。在法国,水资源管理主要通过流域管理的方式进行体现。通过设立流域委员会及水资源管理部门,并结合委托水务公司代为经营等途径,提升水资源市场化管理程度。与法国不同的是,英国在对流域进行集中管理的同时,采用了水务私有化的管理方式。

我国实行的是流域管理和行政区域管理相结合的水资源管理体制[209]。七大流域管理机构依据法律和水行政主管部门的规定对水资源进行监督和管理。县级以上政府部门将保护水资源、防治水污染、保障用水安全等纳入国民经济和社会发展规划，调整经济结构和产业布局，严格控制高耗水和高污染建设项目。现阶段我国的水资源管理主要是对水资源供给和需求的管理，这两方面均能借助财政手段进行控制[210]。在供给层面，水行政主管部门既可以加大拨款额度、放开政策，也可以增加水资源的供应量；在需求层面，可借助调整水价来控制居民和行业的用水需求[211]。吴强和陈金木指出水行政主管部门是水资源资产管理和监督部门，与现阶段我国的基本国情相适应，但也不能忽视在专业化管理过程中的职能重叠、多头管理等问题[212]。

（二）水资源管理评价研究

在国外尽管并未实行最严格水资源管理制度，但面对同样日趋严峻的水资源问题，很多学者早已开始对水资源综合管理进行系统评价。初期的研究较多聚焦于评价指标体系的构建。Hooper 建立了流域水管理综合评价指标体系，具体涵盖 10 个类别 115 个指标，并将其应用于美国 Delaware 流域的水资源管理评价中[213]。在评价方法上，Loukas 等以希腊 Thessaly 地区为例，提出构建一套水资源管理综合模拟系统，该系统涵盖了水文模型、水库运行模型以及需水预测模型[214]。Rajabu 等，以及 Bars 和 Grusse 将博弈论运用于水资源管理评价中，并由此提出提升水资源管理水平的措施[215-216]。Yilmaz 和 Harmancioglu 以土耳其盖迪兹河流域为例，分别针对不同情况下的水资源管理方案进行评价[217]。Gallego-Ayala 和 Dinis 采用了将层次分析法（AHP）与 SWOT 分析法相结合的混合多目标决策方法，通过识别水资源综合管理的影响因素，为具体实施水资源管理规划提供依据[218]。Jood 和 Abrishamchi 应用系统动力学方法对阿拉斯河流域的水资源管理系统进行模拟仿真，在此基础上从可靠性、灵活性及脆弱性三个方面对水资源管理方案进行评价[219]。

王延梅提出构建水资源综合利用与管理效果评价指标体系，结合距离协调模型分别定量评价水资源系统与社会经济系统、供水系统与需水系统的协调水平[220]。随着最严格水资源管理制度的实施，学者们围绕"三条红线"所开展的水资源管理评价研究逐步深入。在该项制度的初步推行阶段，评价指标体系的构建和量化指标方法的研究是学者关注的重点。杨阳等根据"三条红线"对用水总量、用水效率和水功能区纳污限制的控制目标构建评价指标体系，并利用改进模糊物元分析法进行水资源管理评价[221]。苏阳悦等结合"三条红线"的要求，利用改进的云模型和模糊综合评价法进行水资源管理评价[222]。从辉以延安市为研究对象，采用主成分分析法、灰水关联分析以及模糊综合评价法对最严格水资源管理制度的效果进行评价研究[223]。胡林凯和崔东文在设置各类评价指标阈值的基础上，构建了基于"三条红线"的投影指标函数[224]。王苗苗等结合地区投入产出模型的思路，采用结构分解分析法（SDA）对张掖市 2002—2012 年水资源消耗影响因素进行分解，并综合评价该阶段的水资源管理水平[225]。周有荣和崔东文利用最优觅食算法、投影寻踪法以及正态云建立水资源资产管理评价模型，将其用于云南省水资源管理水平评价之中[226]。

（三）水资源资产环境责任审计研究

美国早在 19 世纪 60 年代就开始了环境审计。在 1969 年，美国审计总署执行了对水污染控制的审计，标志着环境审计工作拉开帷幕。1978 年，联邦环境质量委员会颁布了《环境质量委员会关于〈国家环境政策法〉的实施条例》，环境绩效审计成为关注热点[227]。此外，澳大利亚和加拿大也陆续实施环境审计项目，逐步建立起政府环境审计制度体系。就现有制度而言，自然资源审计仍属于环境审计的范畴，并未构成一套独立的审计体系。世界审计组织所提及的"环境审计"这一概念，除了对治污效果进行审计外，还包括对自然资源开发利用管理的审计。在各类自然资源的环境审计中，水环境审计的发展进程是最完整的。在美国，水环境审计经历了起步、兴起及逐步完善的过程，最终建立起了一套以法律法规和政策执行效果评价、环境政策影响评价及环保资金利用绩效评价为主的水环境审计体系。总体上，美国的水环境审计具有审计证据重复、覆盖范围广泛、强调绩效审计的特征[228]。

领导干部自然资源资产离任审计是符合我国当前国情的特殊审计方式[229]。薛芬和李欣提出，国家审计机关作为负责离任审计的主要部门，具有权威性、真实性以及高效性等特征，因而可以代表国家执行审计监督权[230]。对于具体的离任审计模式，陈朝豹等表示应将其与资源环境审计、经济责任审计相结合[231]。在离任审计中，对水资源保护利用状况的审计是核心环节，具体包括审计用水总量、用水效率、水质保护状况、水资源费的管理及使用等[232-235]。朱鸣指出 W 市 A 区领导干部水资源资产离任审计中存在的问题，并结合具体原因提出了行之有效的解决方案[236]。唐勇军和杨璐认为"物本"审计思路不符合自然资源离任审计的要求，并结合

"人本审计"的思路从行为导向审计层面展开水资源资产离任审计研究[237]。李志坚和耿建新构建了包含2（供/用）×2（量/价）×3（水形态/行业/地域）维度的复杂表格以体现水资源的存量及流量情况，为水资源报表的编制提供数据基础[238]。Tang等构建了压力—状态—响应（PSR）评价指标体系，将其应用于水资源生态评价及离任审计之中[239]。

六、研究现状评述

目前诸多学者对水资源核算等领域进行了初步探讨，可以看出国内外学者对水资源的关注程度越来越高，在水资源核算方面取得了一定的成果，并在此基础上不断地探索研究，为后续的研究奠定了扎实的基础。但已有成果仍存在一定局限：

（一）水资源资产要素概念相对模糊

诸多学者对水资源资产的内涵进行了界定，但无法体现水资源资产的特征。一些学者根据水资源的分布特征指出但凡存在于自然系统中的水资源均应作为水资源资产进行计量，这类观点并没有体现出水资源资产的内涵。也有学者提出只有能够被开发并被经济系统利用的水资源才属于水资源资产。

（二）水资源负债是否应被确认及其确认条件存在分歧

现阶段关于水资源负债这一要素的确认与否争议较大。尽管学者们提出了各自的观点，但由于缺乏对水资源负债及权益类项目的探讨，导致水资源负债的确认条件与其分类相去甚远。深入探索水资源负债就意味着必须从水资源产权制度着手，在产权明晰的前提下实现对水资源负债的确认。目前大部分研究均局限于从会计学的角度对负债进行界定及分类，受制于没有明确的账户体系作为确认基础，导致对水资源负债的研究停滞不前。

（三）水资源资产及负债的核算存在难度

在水资源资产及负债的实物量核算层面，由于所涉及的水质与水量统计信息主要源自水务、国土、环保等诸多部门，在统计口径并未完全统一的情况下，部分数据不能有效衔接，并且现有的水资源监测系统并未覆盖全行业及生产活动全流程。对于水资源价值量的核算，由于水资源价值核算与水量、水质、使用对象、用水过程形成的社会经济效益及生态环境效益有关，目前我国尚未形成一套系统的水资源价值核算方法体系。采用现有的会计学和经济学核算方法无法对水资源的各类价值进行合理评估，且现有水资源价值核算与水资源质量评价严重脱钩，在具体应用中各类方法均存在一定的限制因素，这导致了现有的核算方法难以推广使用。

第四节　研究内容及方法

一、研究内容

为了推动水资源可持续发展，本书在分析政府责任下的水资源资产及负债形成机理及确认条件的基础上，对水资源资产及负债的核算展开研究。研究内容主要包括四个部分：（1）为了更加科学合理地对水资源资产及负债进行核算，首先基于水循环理论和产权理论分析水资源资产及负债的形成机理，提出水资源资产及负债的确认条件，为构建水资源资产及负债核算模型奠定基础；（2）基于水资源资产及负债的形成机理，研究构建水资源资产及负债的实物量核算模型，对我国省域范围水资源资产及负债进行核算；（3）结合水资源资产及负债的核算结果，构建水资源利用系统动力学模型，分析不同发展模式下水资源资产及负债的仿真模拟趋势；（4）提出推行水资源资产及负债核算的对策建议，以促进水资源资产及负债核算工作顺利开展。

围绕研究内容，本书由九个章节构成，各章研究内容如下：

第一章：绪论。在分析研究背景、研究目标及意义的前提下，梳理水资源资产及负债核算研究进展并进行文献评述，针对现有研究局限提出新的研究内容和研究方法，总结研究的创新点。

第二章：水资源资产及负债概念界定及理论基础。阐述水资源资产及负债的概念及其内涵，运用资源稀缺理论、资源环境价值理论、科斯定理与产权理论、公共受托责任理论以及可持续发展理论分析水资源资产及负债核算的理论基础，并对国民经济核算体系、环境经济核算体系及水环境经济核算体系进行比较分析。

第三章：开展水资源资产及负债核算的现实需求及实现路径框架。通过分析水资源资产及负债核算的现实需求，深入剖析我国水资源资产及负债核算面临现实困境的主要原因，并提出水资源资产及负债核算路径的整体框架。

第四章：政府责任下的水资源资产及负债的形成机理及确认条件。通过分析水资源资产及负债形成的客观要素及制度背景，提出水资源资产及负债的确认条件。首先，基于水循环理论对水资源资产系统及其演变规律进行分析，并分析水循环过程中的外部不经济问题。其次，对水资源资产产权制度的演变进行梳理，基于产权理论分析水资源资产的权属设定，利用博弈理论分析政府部门在水资源管理中的决策选择及行为策略演化趋势。最后，结合会计学中资产与负债的确认提出水资源资产及负债的确认条件。

第五章：基于多元水循环的水资源资产实物量的核算。通过对水资源资产核算的边界界定，厘清各种界定方法之间的关系。结合多元水循环过程，基于水足迹分析方法构建水资源资产实物量核算模型。在此基础上，分别核算省域层面实体水资源资产、虚拟水资源资产及水资源资产总量，并针对实物量计算结果，采用水资源资产贸易依赖（支持）度以及人均水资源资产两个指标从构成比例和相对数量维度分析各省市的水资源资产状况。

第六章：基于最严格水资源管理的水资源负债实物量的核算。通过对水资源负债核算的边界界定，厘清各种界定方法之间的关系。结合最严格水资源管理的要求，基于灰水足迹构建水资源负债实物量核算模型。在此基础上，核算省域层面水资源负债量，并针对实物量计算结果，采用水资源负债强度指标分析各省市的水资源负债状况。

第七章：基于水资源及负债核算的水资源利用预测分析。通过分析系统动力学建模的适用性，并确定系统边界，分别绘制因果关系回路图、系统动力学流图，构建水资源利用系统动力学模型，通过调整关键影响因素进行路径设定。在对模型检验的前提下，设计不同发展方式下的情景方案，分析各类方案水资源资产及负债的仿真模拟情况。

第八章：推行水资源资产及负债核算的对策建议。为了确保水资源资产及负债核算工作在实际执行过程中可以高效、稳定地进行，提出推行水资源资产及负债核算的对策建议，推动水资源资产及负债核算能够在各行政区域顺利展开。

第九章：结论与展望。在总结研究结论的基础上，根据研究的不足对未来研究方向进行展望。

二、研究方法

本书以会计学、统计学、管理学、环境经济核算和可持续发展等相关理论和方法为基础，研究水资源资产及负债的实物量核算。在研究过程中，进行文献研读与资料收集，剖析研究问题的本质。在明确研究目标的前提下，基于水循环理论和产权理论系统分析水资源资产及负债的形成机理，结合会计学理论提出水资源资产及负债的确认条件；进一步利用水足迹分析方法构建水资源资产及负债核算模型，并对水资源资产及负债实物量进行核算和分析；结合水资源资产及负债核算情况，对水资源利用进行预测分析。整个研究过程中，重视将理论方法联系实践研究，并将定性分析与定量分析相联系。研究方法包括：

（1）文献研究法。通过对现有国内外关于水资源资产及负债的核算、水资源资产化管理等的文献资料进行广泛收集和整理，总结评述目前研究取得的进展，正确、全面地理解和分析尚待研究的问题，并提出研究目标、研究思路和研究方法，形成水资源资产及负债核算的理论框架。

（2）定性分析方法。通过运用定性分析方法，研究分析水资源资产及负债的概念内涵、形成机理、确认条件以及核算边界等问题；运用资源经济学、管理学、会计学、社会学等基础理论知识，对水资源资产及负债的概念和特征进行分析，奠定水资源资产及负债核算的基础；运用复杂系统演化理论、政府责任理论分析产生水资源资产及负债的客观要素及制度背景，并基于会计学理论提出水资源资产及负债的确认条件。

（3）定量分析方法。通过运用多学科理论与方法综合研究，丰富和完善了水资源资产实物量核算研究的方法体系。结合水足迹分析方法，分别构建基于多元水循环的水资源资产实物量核算模型和基于最严格水资源管理的水资源负债实物量核算模型，并实现水资源资产及负债的核算和分析。在此基础上，构建水资源利用系统动力学模型，得到不同方案下的水资源利用的模拟仿真结果。

本书力求在掌握问题本质的前提下，结合具体方法解决具体问题，做到理论方法联系实践研究、定性分析与定量分析相结合，从而确保研究目标的实现。

第五节　主要创新点

在把握研究现状的基础上，本书旨在研究水资源资产及负债的核算。主要包括水资源资产及负债的形成机理及确认条件、水资源资产及负债核算模型的构建以及基于水资源资产及负债核算的水资源利用预测分析等。以期能够弥补现有研究中的不足，推动水资源核算理论的发展和完善，实现水资源系统的良性循环。主要创新点包括：

（1）创新性地提出了政府责任下水资源资产及负债的形成机理和确认条件。人类的活动影响着水循环系统的诸多环节，并增加了水资源系统的脆弱性。对水资源资产及负债的形成机理进行分析有助于识别人类开发利用水资源产生的资源环境影响并促进水资源可持续发展。基于水循环理论和资源价值论，详细解析了水资源资产系统及其演变规律，分析水资源资产及负债形成的客观要素；通过分析水资源资产的权属设定，根据产权理论和公共受托责任理论分析水资源资产及负债形成的制度依据；在此基础上结合会计学中资产与负债的确认分别提出水资源资产及负债的确认条件。通过多层次深入剖析水资源资产及负债的形成机理及确认条件，深化了水资源资产及负债核算的研究基础。

（2）创新性地结合水资源资产核算的边界，构建了基于多元水循环的水资源资产实物量核算模型。从不同角度梳理水资源资产核算的边界界定方法，厘清了各种界定方法之间的关系。基于水足迹分析方法，构建了基于多元水循环的水资源资产实物量核算模型，不仅可以反映生产生活中直接利用的实体水资源资产情况，而且可以反映对外贸易或区域间贸易中虚拟水资源资产的流动过程，从而真实体现社会经济活动对水资源的需求与利用。

（3）创新性地结合水资源负债核算的边界，构建了基于最严格水资源管理的水资源负债实物量核算模型。通过从不同角度梳理水资源负债核算的边界界定方法，厘清各种界定方法之间的关系。综合考虑水资源利用与水污染物排放情况，分析水资源负债与可供水量、取水环节直接用水量及排水环节灰水量之间的关系，构建最严格水资源管理下的水资源负债实物量核算模型，能够科学、有效地反映社会经济活动产生的资源环境影响。

（4）创新性地结合水资源资产及负债的核算对水资源利用进行预测分析。在对水资源资产及负债实物量的核算及分析的基础上，从水资源利用系统的内部构成和外界条件出发，构建水资源利用系统动力学模型，分析在系统要素的多重反馈和循环作用下的水资源利用系统的运行过程。通过调整关键影响因素进行路径设定，观测不同路径下的水资源资产及负债的变动情况。

第二章 水资源资产及负债概念界定及其理论基础

在国民经济不断发展的背景下，水资源短缺及水环境污染问题不容忽视，探索水资源的可持续利用是实现社会经济系统可持续运行的重要环节。本章对水资源资产及负债的概念进行详细阐述，分析开展水资源资产及负债核算的必要性，探讨水资源资产及负债核算的相关理论基础，为水资源资产及负债核算研究奠定了理论基础。

第一节　水资源资产及负债的概念

一、水资源

水资源一词由来已久，了解和认识水资源的概念和特点，是实施水资源管理的基础。关于水资源的概念，在权威层面存在以下几类解释：

（1）1988 年，联合国教科文组织与世界气象组织编制了《水资源评价活动——国家评价手册》，水资源被界定为"可以利用或可能被利用的水源，具备足够的数量及合适的质量，且能在具体时点被用作某类具体用途"[240]。

（2）联合国粮农组织指出水资源具有多样化内涵，并不局限于物理层面流量和存量的度量，还涉及质量、生态以及社会经济等方面[241]。

（3）《中华人民共和国水法》（以下简称《水法》）规定，水资源属于国家所有，由地表水和地下水构成。农村集体经济组织的水塘和修建管理的水库中的水属于国有资产，但使用权归各农村集体经济组织。

（4）GB/T 30943—2014《水资源术语》中对水资源的概念进行了更深

层次的界定。水资源通常是指可供人类使用并可更新的地表水和地下水，是在长时期内可以维持相对平衡，经采用工程措施后可供社会生产生活取用，自身具有恢复功能并可更新的淡水。

结合以上定义，不难发现水资源的概念随着社会经济的发展经历了不断完善的过程。从水资源利用角度，淡水资源是保障社会经济与生态环境发展不可缺失的物质基础，是维系人类生命的基本前提。因此可以认为，所有具备社会经济价值和生态价值的各类来源及形态的淡水都属于水资源。这里提及的"所有具备社会经济价值和生态价值"是指除了被人类提取利用的部分，还包括了维持生态环境基本功能的水资源，以及尚未被使用但具备潜在利用价值的水资源。在水资源问题日趋严峻的情况下，人类对水资源的认知逐步从对自然资源的简单认识延伸至一种行业甚至更深层面的探讨。结合《水法》的相关规定，本书所研究的水资源，是指在人类采取相应工程措施或技术措施开发后可供利用或有可能被利用的淡水。

在自然状态下的水资源由于其自身的特殊性，具有其独特的属性：

（1）水资源的动态循环性

水资源的动态循环性表现为在太阳能与地球引力的影响下，水资源通过蒸发、降雨及径流等过程实现了在自然界中不同形态的转化。在降水环节，地球表层的水资源积聚形成地表水、土壤水及地下水，并因热力条件差异表现为液态和固态形式。水资源在地球表面以固态、液态和气态三类形式共同存在，并相互转化，且维持相对平衡的状态。地表水体在重力势能作用及分子运动下，产生了渗流和越流，使得地表水资源和地下水资源之间进行转化；在太阳辐射下，水体发生蒸发和凝结，与大气中的水分相互转化。水资源在地空、地表及海洋之间发生物质交换和能量的转移，确保水循环及净化过程正常进行。三类交换过程是水循环的主要构成环节。在此情况下，水资源的循环过程可以无限进行下去。由于太阳辐射因素的作用，每年可更新的水资源量受到限制，且自然系统各类水资源的转换周期存在差异，水资源的恢复程度不一致，这表现为水资源的动态循环性。

（2）水资源的流动性

在常态下，水资源表现为流动状态。在地球引力的影响下，水资源自能量高的区域流向能量低的区域，并形成河川径流汇入海洋。河川径流是水资源动态循环的关键环节，给人类的提取利用带来便捷，也增加了水资源的管理难度。在水资源的流动性下，无法实现对指定水资源的定位。根据当前技术水平，也无法将水循环中的某些水指定为某类群体所拥有。即便存在相关规定，也不能确保这部分水资源不会被其他人占用。因此，对于水资源的开发利用需要采取工程措施进行拦蓄并控制。

（3）水资源的能量传输性

水的比热容很大，这使得水资源在蒸发时可吸收其他物体表面的热量。水资源的这一特征能够调节气温，影响植物的生长过程，同样也能在工业生产中作为冷凝剂的广泛材料。当水由液体状态向气体状态转变时，体积将扩大 1 500 倍以上，产生极大的动力。当水由液体状态向固体状态转变时，体积会出现 8.7% 的增大，为水生植物提供良好的抗寒条件。水资源的能量传输性使得地球上所有生命的生存环境得到有效调节。

（4）水资源的溶解性

水资源具有强大的溶解能力，是生物系统与自然系统中各类营养物质和污染物供给、存蓄、转移的天然容器。长久以来，水一直是各类污染物排放的最终场所，这直接导致了我国各地水环境质量受损严重，并加重了水资源短缺危机。

（5）水资源的可再生性

有别于矿产资源被开发后不可再生，水资源的动态循环性使得其能够不断进行自我调节与更新，以供社会发展与经济生产环节持续使用。在水资源的承载力范围之内，水资源属于不可耗竭的可再生性资源。一旦在人为因素下对水资源进行超量提取，便会使得水资源成为可耗竭性资源。故水资源的可再生性不能被错误地等同于水资源是无穷无尽的。

（6）水资源的随机性

自然状态下可再生的水资源大多来自降雨和融雪水。由于气象和水文因素的作用，降雨和融雪水在时空上具有随机性，水资源的形成、移动及形态转变表现出一定的随机性。因此，水资源的分布具有显著的时空不均特征，且在年际上水量差异悬殊。对于某个地区而言，存在着丰水年、平水年、枯水年的区分，甚至会出现连枯、连丰现象，在年内也存在丰水期和枯水期的分别，且这类变化表现出不确定性。对于不同的地区，水资源分布也存在着明显的地域差异性。由于时空分布不均，水资源管理工作困难重重。当频繁发生旱涝灾害时，农业生产遭受的影响最大，并且会导致水资源供需矛盾问题。与此同时，也加大了水资源开发利用在生态环境保护、经济技术投入等方面的困难程度。

二、水资源资产

会计学中对资产的定义为过去的交易或事项形成的、由企业拥有或者控制的、预期会给企业带来经济利益的资源。《国民经济核算体系（2016）》对资产定义为在所有权原则界定下的经济资产，即资产是由某些单位所拥有的，其所有者因拥有它而获取相应的经济利益。SNA-2016 中提及了资产的范围，指出资产并不包含无法有效确认所有权的大气等自然资源与环境，以及尚未发现或在当前条件下很难被开发利用、短期内无法给所有者带来利益的矿藏等。

资产的概念最初出现于企业生产经营中，但并未将水资源包含在内。自然资源资产是由国家、企业或个人拥有的、具有市场价值或潜在交换价值的、以自然形式存在的有形资产。相比于其他有形资产，自然资源资产的特征如下：（1）属于战略性资产，并具有战略意义；（2）不会随着时间的变化出现减值，能够保值及实现增值；（3）是其他有形资产价值形成的前提和自然资源物质基础；（4）同时具备固定资产和流动资产的特征。

从自然资源资产层面，水资源资产表现为：（1）属于国家所有且以自然形式存在；（2）是所有有形资产价值形成的前提和自然资源物质基础，属于典型的战略性资产；（3）具有市场价值和潜在交换价值，在经济快速增长下水资源严重短缺，使得其不仅能够保值还能不断增值；（4）通过工程技术措施开发获取后既能被长期贮存，也能在空间范围内转移，兼具固定资产与流动资产的特性。因而在自然资源资产层面，水资源资产也拥有资产属性。综上，有必要将其作为一项资产对其实施开发利用及管理。

水资源资产与水资源的概念常被混作一谈，实际上并非所有的水资源均属于水资源资产[242]。SEEAW 体系定义了水资源资产的概念，即存在于本国领土淡水、地表苦咸水和地下水体中，可于当期或未来（期权惠益）以原材料方式供直接使用惠益，但在人类开发利用下会被耗尽的水。其中，未来惠益是指满足经济、环境、社会效益目标或减少经济资源的流出。需要关注的是，由于水资源自身也处于不断变化和调整之中，由水文规律引起的水资源量的改变，在理论上不属于水资源资产的核算范畴。仅有被人类所使用、给用水主体带来经济利益的那部分水资源才属于水资源资产。因此，本书将水资源资产定义为在法律允许的前提下，经人为取水工程、工具取用或污废水经人为处理后形成的、用于生产生活及生态的、给使用主体带来经济利益的水资源[243-244]。那些未经人为取用的水资源不属于水资源资产，经过人为取水后可用于不同目标但尚未被利用的水资源也不属于水资源资产，而属于潜在水资源资产。潜在水资源资产经过使用后产生社会经济利益，进而转化为水资源资产。

三、水资源负债

会计学对负债的定义为企业过去的交易或事项形成的，预期会导致经济利益流出企业的现时义务。对于自然资源负债，其使用主体应承担不合理利用方式下致使自然资源自我调节能力受损，需要进行人为恢复的责任。自然资源负债表现为弥补和恢复因社会经济发展导致的自然资源存量减少、环境受到损害而承担的现时义务。自然资源负债的确认与资源承载能力相关，超过自然资源承载能力的使用和消耗即为负债的变动。

在国际标准方面，由于 SEEAW 仅界定了水资源资产的概念，并未明确说明水资源负债的定义，仅 AWAS 体系对水资源负债作过论述。作为全球首个综合性水会计核算准则，AWAS 体系将水资源负债界定为报告主体承担的现时义务，且该义务的履行会导致水资源资产的减少或另一项水资源负债的增加[245]。

水资源表现为在一定时间和空间范围内具有足够数量的可用水，它是一个"质"与"量"的函数。对于水资源负债的定义，是建立在水资源被人类开发利用的基础上，与人类对水资源的利用方式相关联，即水资源资产化的非期望产物。过度开发与不合理利用表明人类的经济活动对水资源、水环境以及水生态系统带来的消极影响，自然生态已经接近"不平衡"的状态[246]。从权责发生制的角度，水资源负债实质上是人类活动对水资源造成消耗和损坏后需承担的责任及偿还的义务。从产权角度，政府是全民所有自然资源的所有者代表，应当为水资源利用过程中形成的负面影响承担主体责任和义务，并依法对水资源使用者的用水行为行使监管权。因此，将水资源负债定义为在不合理地开发与利用水资源的过程中形成的，会导致水资源系统破坏、经济利益和环境权益受损的现时义务。考虑到水资源的保护与生态修复仅仅是一种补偿手段，且水资源保护与治理成本的大小测度在一定程度上与科学技术水平相关，经济层面补偿水资源资产的过度开发与利用仅作为一项成本，而非实质意义上的负债[247]。由于水资源的特殊性，水资源负债具有较大的不确定性，较难对其进行准确测量。

第二节　水资源资产及负债核算的理论基础

一、资源稀缺理论

稀缺性是使水资源成为资产的必要条件。资源稀缺性指的是供主体使用的客体具有有限性，往往体现于两个或多个主体对同一物品的争相占有。在经济学上，稀缺性是针对消费者需求而言可供给的数量受到限制。一般情况下，稀缺性包括了经济稀缺性和物质稀缺性。关于水资源的经济稀缺性，指的是水资源总量充裕且能够满足人类的长期用水需求，但对水资源的提取和利用代价高昂，在付出一定成本的情况下可被使用的水资源数量有限，无法满足相当长时期经济社会的用水需求。水资源的物质稀缺性更容易被理解，是指水资源绝对数量的缺乏，无法满足供水需求。在实际情况中，既存在着因水资源开发成本较大导致的经济稀缺性，也存在着由于水资源供给不足导致的物质稀缺性。两类稀缺性之间表现出互相转化的关系。对于水资源匮乏的区域而言，水资源的绝对量有限，无法满足用水需求，因此存在物质稀缺性。对于水资源丰富的区域，当水环境被严重污染时，若未得到及时有效治理，就会导致可供水量无法满足人们的用水需求，成为水资源经济稀缺区域。

稀缺性问题不仅属于经济学范畴，同时也属于法学范畴。物以稀为贵，资源的稀缺程度形成了资产的价格。对于水资源的稀缺性，也是一个逐渐显现的过程。如果可供使用的水资源量是绝对充足的，那么水资源的供给可以满足每个人的需求，水资源不存在稀缺性。在 20 世纪 60 年代之前，人们对社会经济发展的认识程度有限，认为水资源是取之不尽、用之不竭的。在用水过程中，人们只关注水资源的开发利用，并没有意识到水资源的可再生性是有前提的，更没有预料到随着社会经济的发展，水资源承载力将无法满足经济活动的需求。对于过去人类开发利用水资源的深度和广度而言，人们对水资源的开发利用仅用于满足生活所需，加上水资源量相对充足，水资源短缺尚未成为制约生产生活及社会发展的因素。

随着工业革命带来的技术水平的提升，人们对水资源的开发利用能力得到提高，加上人口规模急剧上升，人们对水资源的需求也随之增加。科技进步与水资源利用两者之间紧密相关，在二战后，水资源供需变化明显，水资源的供给逐渐无法满足日常需求。在全球范围内，部分国家和地区的水资源供需紧张，严重制约了经济社会发展。在可用水资源量逐年降低的情况下，获取水资源意味着需要支付相应的成本。我国水资源有偿使用制度改革历程正是对水资源逐渐稀缺且资产属性逐步凸显这一过程的真实反映。水资源既有物质稀缺性，在无法满足供水需求时，由于缺乏足够的开发资金因而又具有经济稀缺性。在水资源供需矛盾日趋紧张的情况下，人们开始关注水资源的稀缺性问题。

水资源的稀缺性和水资源价值密切相关。从水资源的价格可以反映水资源的稀缺性，当采用跨流域调水、海水淡化、节水、循环用水等方式增加水资源利用程度时，将大大增加水资源的生产成本，故水价中已考虑了水资源的稀缺价值。此外，各区域在丰枯年份水资源稀缺程度存在差异，因而水价处于动态变化的状态。

二、资源环境价值理论

传统观念认为自然资源是取之不尽的，且没有价值，因此存在肆意开发、利用自然资源的现象，并导致各种自然资源濒临耗竭。以此为背景，资源环境价值理论被正式提出，旨在摒弃过去对自然资源的错误认识，强调资源环境的关键性及价值性[248]。

（1）效用价值论

效用价值论从人们对物品效用的感知方面诠释价值的形成。效用是指物品满足使用需求的能力。价值离不开效用，效用是价值产生的基础。一切有价值的物品都以效用方式体现，即便是具有劳动价值的物品，若不能满足使用需求，也将失去价值。

水资源对社会经济发展的效用不言而喻，能够让人们获得物质上的享受。对于自然界中的水资源，在未被开发利用前仅具有"潜在社会价值"。水资源在被开发后，由于凝结了人类的劳动使其具有可用性，便形成了价值。马克思指出，同一商品可以同时具备价值和使用价值。使用价值作为价值存在的客观前提，当商品没有了使用价值，就意味着失去价值。因此，效用性是水资源价值形成的客观基础。

（2）劳动价值论

水资源的稀缺性是形成水资源价值的充分条件，但也不能忽略资源流通过程中的劳动价值。对于水资源而言，劳动价值体现为水资源所有者为开发、利用及管理水资源所付出的劳动与资金，具体包括前期在水文监测、水利规划、水资源保护中发生的费用，水利工程及设施运行和维护过程中的材料费、折旧费、管理费以及人员工资等。

水资源的劳动价值是区分天然水资源价值和已开发利用水资源价值的关键。当水资源价值中包含了劳动和资金投入，则为已开发利用水资源；当没有包含劳动或资金投入时，水资源仅为自然状态下的资源，其价值主要体现为资源稀缺性和产权形成的价值。其中，前者属于工程型水资源，后者属于资源型水资源。马克思提出，价值量受到所消耗的社会必要劳动时间的影响。水资源的使用价值是其本身具备的，并非在人类劳动下形成的。人类通过对水资源进行一系列的开发利用，使得水资源的使用价值得以体现。水资源的使用价值与其丰裕程度相关，水资源价值的大小与对其开发利用付出的劳动和资金投入之间不形成正相关关系。

（3）环境价值论

环境价值论是围绕人们生产生活为中心的外部环境的总和，其囊括了物质世界的一切事物。具体涉及阳光、空气、天然水体、天然森林等自然因素和城镇、园林、农田、水库等经人为改造和创造形成的事物，同时也包含了这些要素本身及其所在系统呈现出的状态及相互关系。

环境价值论的形成是以劳动价值论和效用价值论为理论基础。根据环境经济学理论，环境资源具有价值。水资源是一切生命赖以生存的基础，是自然环境最关键的要素，也是维系生产生活正常运转的物质前提，因此水资源具有生态、环境、社会及经济属性。水资源能够满足人类生存发展及享受所必需的物质及服务，表明水资源对人类而言是有价值的。随着人类对生存需求、发展需求以及享受需求的不断增加，水资源对人类的价值也逐渐上升。水资源环境价值论汇集了诸多水资源价值理论的优点，综合体现了水资源的生态环境属性和社会经济属性，这是对实际情况的真实反映。

三、环境会计理论

在 1970 年，Marlin 的《污染的会计问题》和 Beams 的《控制污染的社会成本转换研究》的发表，揭开了环境会计研究的序幕。环境会计作为反映环境资产、负债与效益的会计学分支，可具体划分为宏观环境会计和微观环境会计两个层面。其中，宏观环境会计关注的是自然资源与环境、国民经济以及社会发展之间的联系，微观环境会计反映的是环境问题对企业等特定会计主体的财务影响。

不同于传统会计理论，环境会计理论将环境看作一项具有直接或间接经济价值的资源，并以此为基础发展为现如今的环境会计理论。具体而言，环境会计理论包含了两个方面的内涵：一方面环境具有效用性，即环境能够提供人类生产生活所需的物质资源；另一方面环境具有稀缺性，强调需要充分高效地利用有限的环境资源。在当前的发展趋势下，环境会计理论进一步拓展至政府管理层面，环境会计能够为政府决策提供必要的环境信息，缓解自然资源与环境危机，推动实现人与自然的可持续发展。政府部门利用资源环境的统计数据进行实物量的核算，并在此基础上确认与核算资源环境价值，同时核算出自然资源耗费支出与环境保护支出等项目。

环境会计同样遵循"资产＝负债+净资产"这一会计恒等式，并认可自然资源"资产"与"负债"概念以及自然资源"净资产"概念[249]。根据环境会计发展的趋势，关于环境会计理论与实践的探索不以企业为主导，而是在政府部门的推动下深入探讨环境资源资产与负债的确认与核算。环境会计属于传统会计的一个分支，而探讨水资源资产及负债核算可以看作是环境会计的一个分支，因而水资源资产及负债核算理论与传统的会计理论、环境会计理论均存在交叉。在研究水资源资产及负债核算的基本假设、核算对象、核算方法等方面，均可参考传统会计理论。

环境会计理论是开展水资源资产及负债核算的理论基础。对于水资源资产及负债的核算应以政府为主体，着眼于水资源管理工作全局，因而属于宏观层面的环境会计范畴，与之相关的环境会计理论可以提供相应的理论依据，为水资源资产及负债的确认与实物量计量等诸多方面问题的研究提供方法论指导。与此同时，水资源资产及负债的核算也将进一步推动政府部门完善宏观环境会计体系的构建。

四、科斯定理与产权理论

产权是经济学和法学中的重要概念。在经济学层面，产权强调的是效率与利益，表现为建立在人与物关系上的人与人之间的关系；而在法学层面，产权强调的是权利与义务。产权经济学家 Alchian 提出，产权是社会强制实施的选择某种经济品使用的权利[250]。经济学家 Furubotn 和 Pejovich

对产权的定义是因物的存在及其使用所产生的被人们认可的行为关系。对于共同体中的产权制度，是指用来确定各主体使用稀缺资源时相对地位的一系列经济和社会关系。这个观点聚焦于隐藏在人与物关系之下的人与人的行动关系，并把产权与稀缺资源高效利用问题结合起来。

水权是人类社会发展的产物。在社会经济发展进程的初步阶段，水资源比较充足，水资源价格较低甚至不存在水价。水资源作为公共物品，在此阶段对水权界定所需的代价超过了水权界定产生的经济利益，所以不需要构建水权制度。在社会经济发展明显加速后，水资源逐步成为限制社会经济发展的稀缺资源，进而"水紧张"和"水危机"问题逐渐显现。在此情况下，对用水主体的用水行为进行规范成为必然要求。随着水资源稀缺程度的加大，水资源价格增加，水权的界定成本相对降低。通过构建水权制度可以产生的效益超过了其成本，人们开始考虑建立水权制度。

类似于其他产权制度，水权制度的功能较多。具体包括三个方面：（1）约束功能。水权制度规定了用水主体的用水方式，要求在行使其权利时不能损害其他人的利益，否则将会受到相应的惩罚。通过对用水行为进行约束，防止水资源的低效使用。（2）激励功能。水权赋予了其所有者法律允许的财产使用权利及获益权利，激发了其积极采取行为实现成本的缩减和收益的提升。因此，节约用水、提高水资源利用效率成为用水主体自发的行为。（3）水资源分配功能。通过对水权进行初始配置，并利用水权交易市场实现水权的高效流通，提升水资源配置效果。并且，合理的产权制度可以解决用水环节的"外部性"问题，推动水资源的优化配置。

在产权经济学中，产权的关键作用是将"外部性"问题"内部化"。外部性是经济学中常被讨论的话题，科斯也围绕外部性问题进行了研究。外部性被定义为在收益一定的情况下，私人边际成本（收益）和社会边际成本（收益）之间的差异。其中，成本差异为负外部效应，收益差异为正外部效应。在任意一种外部效应下，均会产生资源分配偏差，使其无法达到帕累托最优。科斯提出，产权界定模糊是形成外部性的根源，合理的资源分配能够有效解决外部性问题。当交易成本为零时，根据双方或多方协调后对产权进行再分配，就能够实现社会福利的最优。这一论点即为"科斯定理"：如果各方可以在没有成本的情况下进行讨价还价，并给所有成员方都带来利益，那么不管产权如何分配，均能达到最优配置状态。当交易费用不为零时，在不同的产权分配下会产生不同的资源分配结果和分配效率。水资源作为共同享有的资源，具有典型的外部性特性，使得用水主体存在搭便车、机会主义及超额使用情况。水权的外部性体现为技术层面、代际层面以及环境层面外部性。考虑到水权的特有属性，水权的管理相比于其他自然资源产权的管理更为困难。

虽然科斯定理可以有效解决公共物品外部性问题，但不可能将其运用于公共物品产权的私有化。对于诸如水资源等公共资源的管理方面，政府这一角色所发挥的功能依旧无法被取代。在经济学上，引起外部不经济性内部化和产生稀缺资源主要有两种措施：一是对市场采取行政干预手段，即利用政府颁布的相关政策、法规及相关措施来解决外部不经济性问题，使得水资源向稀缺资源转变；二是明确水资源产权，即通过水资源产权的确定以解决外部不经济问题，使得水资源具有稀缺性。因此，建立可持续利用的水资源管理制度，对资源环境与经济的协调发展具有非常重要的作用，并且有利于水资源的高效开发、利用及保护。在市场经济下，有必要继续建立健全水权制度体系，确保政府部门实现对水资源的宏观调控与统筹规划，并不断扩大水权的流转范围。构建水权交易市场是水权制度的客观要求，通过水权交易使得水资源能够流向最高效的部门和地区，并实现创造更多财富的目的。

五、公共受托责任理论

公共受托责任以管理学、经济学与政治学为依据，是一种现代制度下对政府权力的合法保证。公共受托经济责任，是指接受委托承担公共财产和公共资源经营管理的主体所需履行的管理公共财产及资源、报告经营状况、确保正常发展的义务。在社会经济飞速发展的同时，政府部门的公共管理范围不断延伸，社会治理趋于精细化，政府应履行的受托经济责任不断拓展到更多的领域。自然资源资产具备公共物品特征，其存在的非排他性和外部性会使得市场无法正常运行，从而无法保障自然资源资产利益。因此，需要政府部门进行管理。政府根据法律规定，引导企业和社会公众的行为，承担自然资源资产管理公共受托责任，确保实现自然资源资产的公共利益。政府的责任表现为结合自然资源资产管理目标，按照自然资源管理细则，解决自然资源资产的外部性问题。

我国《宪法》规定，水资源的所有权主体为国家，并由国务院代表国家行使其权利。对于水资源国家所有权的行使，指的是被授权的国家行政机关在规定的范围内，对国家拥有和控制的水资源实施的与其自然属性及社会属性相匹配的开发利用活动。政府部门在社会公众的委托下，负责水资源的日常管理工作，并承担公共受托责任。

关于水环境的管理，考虑到水环境具有非排他性及公共性的特征，在企业和社会公众利用过程中存在因自身利益而超额使用及破坏环境的现象。在市场体系尚未健全的情况下，为确保实现水资源的可持续利用，需要由政府部门采取行政管理手段规范不合理的利用环境资源行为。围绕水环境污染问题，国家以立法及监管的方式保护水环境质量，并通过实施一系列的水环境治理项目以解决水环境危机。

根据公共受托责任理论，政府在承担公共受托责任对公共财产和资源进行管理的同时，也需要由审计部门参与其中，严格监督政府责任的履行效果。水资源资产审计是监督政府部门按规定履行水资源管理及水环境保护责任的一种控制制度。假设将政府部门当成一个"经济人"，考虑到政府部门也会拥有自身利益，并存在着与社会公众利益不一致的情况。在政府追求 GDP 增长的驱动下，为维持并巩固自身的经济地位，会在经济发展利益与资源环境保护两者之间做出抉择，当选择前者时会损害社会公众的公共利益。在这种情况下，需要由国家审计机关对政府部门履行资源与环境保护的受托经济责任情况进行审计监督。

六、可持续发展理论

联合国于 1972 年在瑞典举办了人类环境与发展会议，体现了可持续发展理念的初步设想。1987 年，世界环境与发展委员会发表了《我们共同的未来》报告，为可持续发展理论的正式提出奠定了基础。根据报告的主旨，可持续发展的核心内容为：合理有序的经济发展应以生态可持续、社会公平以及公众主动参与人类发展决策为前提。可持续发展所推崇的目标是既能满足社会公众的各类需求，使其得到充分发展，又能维持资源与环境的稳定状态，不影响子孙后代的生存及发展。在可持续发展系统中，经济可持续是前提，生态可持续是条件，社会可持续是最终目标，三者之间紧密联系密不可分[251]。人类所需求的就是以人本为主的自然—经济—社会复合系统持久、稳定及健康发展。

考虑到相当长一段时间内，人们对水资源的开发利用方式较为粗放，使得水资源的损耗速度超过其再生速度，水资源数量及质量下降较快，并导致了严重的水资源短缺、水体污染、水生态恶化、水土流失等问题。随着水危机问题的不断爆发，人们逐渐意识到应循序渐进地对水资源进行开发利用，而非仅关注当下的利益。1992年，在都柏林水与环境国际会议上提出了水资源开发和管理的最重要原则是实施总体途径推动社会经济的发展，保护人类生存的自然生态环境系统。自90年代开始，水资源可持续利用逐步从理论探讨阶段过渡到具体执行阶段。经济社会在长期发展中一直受到环境保护矛盾的制约，而可持续发展目标的提出，成为解决这个难题的最佳方式，并且惠益子孙后代。在大气环流推动全球范围内海洋、陆地、大气水循环的背景下，各区域的发展紧密相关，水资源的可持续开发利用不应仅局限于某个特定地区去实现，应将其视为全球范围内的系统性问题。

水资源的可持续发展必须保证生态环境的可持续，在水资源环境的可承载范围内，对有限的水资源进行优化分配，以提高水资源开发利用水平，在确保不损害未来用水权益的前提下，为当下的社会经济发展提供水资源[252]。水资源的开发利用过程不能以盲目强调经济效益为目的，忽视水资源的可持续利用。同样地，也不能仅仅重视水资源环境保护而放弃社会经济发展。水资源的开发利用不是建立在牺牲资源与环境的代价上的，而应将社会效益与生态效益并重，使其适应经济发展的需求。从水资源数量上而言，水资源的可持续利用要求从水源地提取的水量不应超过自然水循环所能补充的数量；从水资源质量上而言，必须以满足当代及后代人的用水需求为依据，不能以量代质，也不能低质高用。

水资源可持续利用的基本要求是在保护生态环境不被破坏的前提下，逐渐增强水资源对人类经济活动的支持能力。水资源可持续利用是社会经济可持续发展的物质基础，通过实现水资源在代内、代际间的公平配置，满足人类不断繁衍的需要。它以生态可持续性为基础，强调水资源的合理利用与保护，以防止经济发展导致的水环境污染及破坏，并通过提高水资源的利用效率，增加社会经济效益，推动人类的文明发展。

第三节　水资源核算体系

20 世纪 50 年代，西方国家首次提出了国民经济核算体系（System of National Accounts，SNA），联合国提出环境经济综合核算体系（System of Integrated Environmental and Economic Accounting，SEEA）。与此同时，水环境经济核算体系（System of Environmental-Economic Accounting for Water，SEEAW）也属于较为成熟的水资源核算方法。

一、国民经济核算体系

国民经济核算体系（SNA）是一种可以实现对国家宏观经济形势进行披露、分析并在此基础上对不同国家经济情况进行比较的综合性核算体系，其核算范围广泛，涵盖了全国范围内所有经济部门的活动。1953 年，第一本国民经济核算综合手册正式发布，并在 1968 年、1993 年和 2008 年进行了三次补充更新。至 2008 年第三次更新完成后，已基本形成一套完善的、被绝大多数国家所采纳的核算体系。该核算体系以国内生产总值（GDP）为核心，分别从生产、投入产出、资金流动、资产负债核算、国际收支等五个方面反映市场经济活动对国民经济带来的影响。

在国民经济核算体系（SNA2008）中需要设置经常账户、积累账户以及资产负债账户三大类账户，其中资产负债账户（即国家资产负债表）根据"资产＝负债＋净资产"这一等式，反映包括非金融公司、金融公司、政府部门、住户部门等在内的各部门的资产、负债及净资产存量，详见表 2.1。国家资产负债表中所列示的参与经济运行的自然资源包括土地、矿产和能源储备、非培育性生物资源、水资源和其他自然资源五个二级科目，列在"非金融非生产性资产"项目下进行核算。由于"资产＝负债＋净资产"这一等式仅能展示各类资产及负债账户之间的钩稽关系，而自然资源项目是在国民经济运行中由生产、收入形成、分配等环节积累形成的，因此其获取与使用只能用"资产来源＝资产利用"这一等式来反映。值得注意的是，SNA2008 中并没有提及非金融负债，这使得其在披露自然资源资产的同时并不存在对应的自然资源负债，故无法揭示核算主体的权责关系。

表 2.1　国民经济核算体系下的资产负债账户

项目	非金融公司	金融公司	政府部门	住户部门	非营利机构部门	经济总体	国外部门	总计
一、非金融资产								
（一）非金融生产性资产								
（二）非金融非生产资产								
1. 自然资源								
土地								
矿产和能源储备								
非培育性生物资源								
水资源								
2. 其他自然资源								
二、金融资产								
三、金融负债								
四、净资产								

　　国民经济核算体系作为一套系统化的核算体系，具备较强的可操作性。但其存在的缺点也不容忽视，即无法体现经济与环境之间的关系。由于国民经济核算体系所核算的范围并未涉及所有经济活动，仅限于反映与市场经济相关的活动，因而在资产项目中展示的只是符合经济资产核算范畴的环境资源。水资源作为非金融资产项目下设的一个项目，其重要性程度无法凸显。此外，在国民经济核算体系中所核算的负债仅涉及金融负债，并未涵盖与自然资源利用相关的负债，这使得在经济高速增长的情况下，资源环境这一重要因素被忽视。

二、环境经济核算体系

　　环境经济核算体系作为国民经济核算体系的补充，其宗旨是体现可持续发展的理念，即在核算过程中除了考虑社会与经济活动外，还需要将自然资源的投入、人类生产活动对自然资源与生态系统的影响纳入核算范畴[253]。随着资源短缺与环境恶化等问题成为全球关注的焦点问题，各国政府与学者逐步展开了对环境经济核算的探索。在 1984 年，联合国结合环境统计方法与统计模式研究，制定了《环境统计资料编制纲要》。1987 年，挪威公开了《挪威自然资源核算》研究报告，成为国际上最早实现自然资源核算的国家。在 1993 年，联合国统计署联合环境规划署，组织了世界银行、经济合作与发展组织等国际组织和一些国家，研究并颁布了《综合环境与经济核算手册（临时版本）》，简称 SEEA-1993。在 SEEA-1993 中明确提出了环境经济核算的相关理论及概念，并构建了环境经济核算基本框架。为更好地实现对环境经济核算体系的应用，联合国分别于 2000 年和 2003 年对环境经济核算手册进行修订，但始终无法真正解决环境经济信息与环境信息间的矛盾。2005 年，联合国统计委员会专门设立了环境经济核算委员会，并在 2012 年颁布了《环境经济核算体系中心框架》，简称 SEEA-2012。该框架体系作为环境经济核算的国际统计标准，可供各个国家参考使用。

环境经济综合核算体系（SEEA）中心框架通过建立起一个描述环境资产存量及其变动情况的多用途框架以反映环境与经济之间的互馈作用。根据 SEEA 中心框架，既可以对原始数据进行对比，还能够分析各类经济与环境问题的指标、总量与变动趋势。SEEA 中心框架作为一种编排大量经济信息与环境信息的方法，其核心在于尽可能完整地涵盖了与经济、环境问题相关的流量和存量。在 SEEA 中心框架编排信息时，也结合了国民经济账户体系的核算规则、概念与结构[254]。编制实物型供应使用表、自然资源资产账户和功能账户是环境经济核算的重要环节。SEEA 中心框架将水资源、木材、能源、土壤、矿物、生态系统和生产、消费、污染、土地和废物等信息置于同一计量体系中，实现了对经济信息与环境信息的有机整合。SEEA 中心框架为各个领域均制定了较为详细的核算方法，这些方法作为中心框架的重要组成部分，构成了 SEEA 中心框架的定义与概念，并为所有国家提供了一个系统、合理的分析框架。

SEEA 中心框架具体由五个部分内容构成，其中第一部分为总体概况和介绍，通过详细阐述 SEEA 中心框架的关键构成及采用的核算方法，重点强调 SEEA 中心框架的综合性；第二部分为实物流量账户，该部分介绍了实物流量的记录方式，将不同的类似自然投入、残余物和产品等实物流量填入实物型供应使用表中，对于实物流量的核算可以在不同规模下进行。为了体现同种系列不同物质的流量或者某些特定流量，第二部分也具体介绍了各类物质流量的实物型供应使用表，包括能源、水资源等，还包括污水排放表、废气排放表和固体废物表；第三部分为环境活动账户及相关流量，该部分侧重反映国民账户体系中可以被认定为与环境具有密切联系的各类经济交易，同时该部分还包括了与环境相关的补偿与交易，如环境补贴、环境税等；第四部分为资产账户，该部分主要介绍的是与环境资产有关的资源流量与存量的记录，这些环境资产包括木材资源、水资源、矿物资源、土地资源、土壤资源、能源和其他生物资源等；第五部分为账户的整合和列报，该部分在描述 SEEA 中心框架联合性的基础上，介绍了实物型数据与价值型数据合并列报的方式并通过具体范例进行展示。

在 SEEA 中心框架中，以水资产的实物型账户和价值型账户形式构成了 SEEA 水资源资产负债表的报表体系，详见表 2.2。水资产账户反映了某一地区地表水（包括水库、湖泊、河流等）、地下水、土壤水的期初存量、期间流量以及期末存量情况。期间流量情况以水资产增减变动的原因进行列示，导致水资产增加的主要因素包括回归水、降水、从其他领土和水体流入以及新发现量等，导致水资产减少的因素包括取水、蒸发蒸腾、流向海洋和其他地区等。水资产账户的设计清晰地展示了水资产存量及其变动原因，适用于所有可检测、可探明的水资产，在一定程度上可以保障核算结果的完整可靠。

表 2.2　环境经济核算体系下的水资产账户

项目	地表水				地下水	土壤水	合计
	水库	湖泊	河流	冰川、雪和冰			
一、水资产期初存量							
二、存量增加量							
回归水流量							
降水量							
其他水体流入							
其他领土流入							
含水层发现量							
存量增加合计							
三、存量减少							
取水量							
蒸发蒸腾量							
向海洋流出量							

表2.2(续)

项目	地表水				地下水	土壤水	合计
	水库	湖泊	河流	冰川、雪和冰			
向其他内陆流出量							
存量减少合计							
四、水资源期末存量							

三、水环境经济核算体系

水环境经济核算体系（SEEAW）是环境经济综合核算体系（SEEA）在水资源实物量核算领域的进一步延伸，该体系强调的是水资源的非经济价值指标。SEEAW 水资源资产负债表是由一套具有内在关联的账户体系组成，具体包括水资源混合账户、水资源排放账户、水质情况账户、经济账户等。其中，水资源混合账户是反映水资产情况的核心账户，见表 2.3 所示。水资源混合账户可以披露各产业及部门之间水资源实物量的交换情况，包括产出与供给、消耗与使用等信息，揭示了水资源在各核算主体间的循环流动过程。

SEEAW 混合账户核算的水资源范围与 SEEA 一致，但增加了水资源流转情况及水资源循环运行机制，能够为分析水资源的产出、供给、使用、消费提供充分的数据信息，为揭示水资源在社会经济的循环过程提供参考依据。

表 2.3　水环境经济核算体系下的水资源混合账户

项目	各产业中间使用			最终消费		总计
	第一产业	第二产业	第三产业	政府	住户	
一、总产出与总供给						
二、中间消耗及使用						
三、总增加量						
四、水的总使用量						
直接取自环境						
取自其他经济单位						
五、水的总供给量						

表2.3(续)

项目	各产业中间使用			最终消费		总计
	第一产业	第二产业	第三产业	政府	住户	
供给其他经济单位						
直接排放环境						

相比于国民账户体系，水环境经济核算体系的优点有如下三点。一是拓展了国民账户体系的资产核算范围，将水资产及其质量情况进行列示，反映可以用作调动的水资源资产。国民账户体系仅在"因稀缺性导致行使所有权或使用权，进行市场估价和采取某些经济控制措施来提取地表水资源和地下水资源"的情况下，才会将水资源资产纳入核算范畴，相关水资源资产的核算仅是以实物量进行记录。而水环境经济核算体系进一步从水质层面反映水资源特征，尽管国民账户体系中列示了水和卫生类基础设施的资产账户，但并未与其他生产资产分开核算。二是将实物量计量的信息与以货币计量的账户并列列示，实现了对国民账户体系的扩充。在国民账户体系中，生产过程中使用的存量或资产以及产品流只以货币单位来计量，水环境经济核算体系使采用物理计量单位来编制各种账户成为可能。就水而言，物理流量包括用水量、回用和回归到环境中的水量。以货币单位计量的流量包括水资源提取、运输、处理和配送的经常支出和资本支出，与水和废水有关的税费支出以及各行业和住户所得到的补贴。三是单列水资源保护与管理支出。水环境经济核算体系明确地进行了重新组织，因而有助于单列水资源保护与管理支出，确定税、补贴和融资机制。

四、水资源核算体系的比较

国民经济核算体系（SNA）、环境经济综合核算体系（SEEA）、水环境经济核算体系（SEEAW）都是为水资源核算提供基础数据的重要核算方法，它们之间有着一定的联系与区别。

（1）三者资产核算范围既有重合又有延伸

从资产核算范围来看，SEEA 和 SEEAW 核算的水资产范围基于 SNA，但又更为宽泛。在 SNA 中，只有为人类提供直接经济利益的水资源才能被计算在资产范围内，而无法为人类经济活动提供直接经济效益的水资源则被剔除在水资产范畴之外；而 SEEA、SEEAW 对水资源非经济效益价值的认可，意味着在确定资产的过程中，水资产范畴有所扩大，将存在于自然界中的、具有生态效益与价值的、为保持水生态系统良好而存在的水资源也纳入进来，这更加符合可持续发展的观点。

（2）三者核算方式既有相同又存在差异

SNA、SEEA 和 SEEAW 在核算方式上有相同之处，那就是都从存量和流量角度，反映了水资源期初期末总量情况及其增减变动情况。同时，三者之间又有所区别：SNA 侧重于核算经济指标，因此在进行核算时，SNA 仅对水资产进行价值量核算；SEEA 将统计与会计学方法相互结合，在确认会计要素时采用统计学方法，在进行价值量核算时，则采用会计学方法，以实物量数据为基础核算价值量；SEEAW 主要从实物计量入手，在 SEEA 只反映基本实物量的基础上，增加了对环境影响因素指标的反映和分析，例如供水情况、水质情况等。

综上所述，SEEA 是 SNA 的进一步发展与完善，SEEAW 是 SEEA 在水资源非经济价值核算领域的分支。本书借助现有的三大水资源核算体系，从政府责任视角探索核算水资源资产及负债，以期从会计学和统计学的角度分析核算水资源资产与水资源负债增减变化情况。

第四节　本章小结

本章分别阐述了水资源资产及负债的概念，并对支撑水资源资产及负债核算的资源稀缺理论、资源环境价值理论、科斯定理与产权理论、公共受托责任理论以及可持续发展理论等进行系统化分析，找准理论分析与实践研究在同一研究主题下的契合点和支撑点。在此基础上，分别详细阐述了国民经济核算体系、环境经济核算体系以及水环境经济核算体系，重点比较了三种核算体系的联系与区别，为进一步展开水资源资产及负债核算奠定基础。

第三章 开展水资源资产及负债核算的现实需求及实现路径框架

第一节 我国开展水资源资产及负债核算的需求分析

一、满足国民经济宏观核算的要求

为满足社会主义市场经济体制下宏观经济管理的需求，我国自 20 世纪 90 年代以来不断完善国民经济核算工作。基本核算体系由适用于计划经济体制的物质产品平衡表体系（MPS）与适用于市场经济体制的国民账户体系（SNA）组成的混合性体系逐步向 SNA 体系过渡。国内生产总值核算、投入产出核算以及国际收支核算工作迅速发展，同时开展了 SNA 的资金流量核算、资产负债核算和国民经济账户核算，推动了国民经济核算的全面发展[255]。在 2013 年年底，《中共中央关于全面深化改革若干重大问题的决定》中首次提出编制自然资源资产负债表，开展资源环境核算、建立综合经济与资源环境核算体系成为宏观经济核算工作的重要构成部分。2015 年国务院办公厅发布《编制自然资源资产负债表试点方案》，提出优先核算具有重要生态功能的自然资源，并通过核算自然资源规模及质量情况综合反映自然资源的变动及其对生态环境的影响。开展水资源资产及负债的核算研究具有很高的技术性，其数据来源于国民经济核算资料、相关职能部门的统计数据及调查数据。在收集各类统计信息的同时，通过将不同来源的各类数据进行合理整合，全面描述了某一特定时期社会经济状况下水资源的利用情况，便于管理者掌握国民经济运行过程中水资源利用的数量及质量特征。结合《编制自然资源资产负债表试点方案》等规划性文件的基本要求，开展水资源资产及负债的核算，是实现我国国民经济宏观核算的内在要求。

二、实行最严格水资源管理制度的要求

现阶段我国水资源问题突出，水资源短缺、水环境污染、水生态破坏等一系列现象频频发生，已经成为制约经济社会发展的瓶颈之一。《中共中央 国务院关于加快水利改革发展的决定》（中发〔2011〕1 号）提出制定水资源开发利用控制红线，建立取用水总量控制指标体系。《国务院关于实行最严格水资源管理制度的意见》（国发〔2012〕3 号）提出加强用水需求及用水过程管控，控制用水总量，提升用水效率以及限制水污染物排放[256]。最严格水资源管理制度重点关注水资源的分配、利用及保护三个环节，并建立了一套系统化的水资源管理模式。从本质上来说，最严格水资源管理制度是在水法的基础上对水资源的严格管理，其核心目的是提升有限的水资源的可持续性利用水平，这也是我国对水资源管理的战略需求及制度安排的体现[257]。水资源资产及负债的核算研究客观反映水资源开发利用及其导致的水资源消耗与水环境污染状况，政府部门可借助水资源资产及负债核算提供的信息对水资源问题背后的原因做出"近乎情理"的解释，并分别从水量方面控制用水、从节水方面提高水资源利用效率、从环保方面维持水资源的可再生性状态，以实现其职能。因此，开展水资源资产及负债核算研究，是落实水法和加强流域和区域水资源宏观管理的客观需要，同时也是实施最严格水资源管理制度的迫切需要。

三、领导干部自然资源资产离任审计的要求

2015 年国务院印发《生态文明体制改革总体方案》，将领导干部自然资源资产审计作为推动生态文明体制改革的核心措施，并提出通过实施审计试点，探索领导干部自然资源资产离任审计的目标、内容、方法及评价指标体系[258-260]。生态环境保护责任是政府责任在生态环境管理的拓展，自然资源资产管理是生态环境管理的核心部分。随着《开展领导干部自然资源资产离任审计试点方案》以及《领导干部自然资源资产离任审计规定（试行）》的颁布，自 2018 年开始我国迈入全面推行领导干部自然资源资产离任审计工作阶段。对自然资源资产的监督与管理是党政领导干部的重要工作，包括自然资源资产状况的监测、开发利用与保护情况的监督、资

产化管理等。在生态经济理念被提出后，出现了大量原有统计资料中并未被关注的信息，并且目前的数据统计工作尚未覆盖到位。在缺少可供交换的基础数据和现存数据具有较大缺陷的情况下，对自然资源资产的采集工作存在诸多不便。在实地数据收集中，以水利、林业以及畜牧业为主的自然资源资产数据存在较大的缺口[261]。在领导干部水资源资产离任审计工作中，水资源保护与开发利用、损害与修复追责是审计重点，具体包括审计水资源政策执行情况、饮用水源地保护与污染整治、农业面源污染治理、农村污水和垃圾处理、重大水污染事件的处理与追责[262-264]。考虑到水资源资产的特殊性及复杂性，很难实现及时有效地评价水资源政策制定和实施效果。开展水资源资产及负债核算研究，有助于统一水资源变动情况的数据口径，推动建立科学的水资源资产管理效果评价指标体系，客观评价水资源资产开发利用效果，反映领导干部对水资源环境问题的治理绩效，是开展党政领导干部自然资源资产离任审计的必然要求。

第二节　开展水资源资产及负债核算的现实困境

开展水资源资产及负债核算是一项艰巨的工程，涉及多个学科，由于水资源资产及负债的独特性决定了在此过程中将会面临诸多困难和问题，如水资源资产及负债核算研究口径不一致、对于环境问题的认识不够全面、忽视政府发挥的关键作用以及核算理论体系不健全等，这些问题是在开展水资源资产及负债核算过程中无法避免的。但是对这些问题进行正确的认识和了解，对于实现水资源资产及负债的核算有着重大的意义。

一、水资源资产及负债核算研究口径不一致

目前已发表的有关水资源核算研究的文献中，研究口径并不统一，只涉及水资源某一个方面的较多。如对环境问题的研究一般局限于企业这个微观范围，且多数是从环保角度出发研究企业的环境治理与维护的核算。在宏观层面，大部分的研究只涉及水资源资产要素，而较少涉及水资源负债要素等其他内容。由于目前国家仅在部分省份开展水资源资产负债表编制试点项目，对于水资源资产及负债的核算以及水资源资产负债表的编制尚未形成一种常态，所以可以借鉴的实际案例也较少。因此，尽管根据已

有的理论依据和搜集到的水资源资产及负债核算的单个案例较容易分析出具有个性的、针对单个案例的问题，但将这些问题普遍化较为困难。

从水资源核算数据的来源看，目前我国水资源统计数据主要来自各个层面的水资源公报，但水资源相关的数据信息不够详尽，且水资源公报是由不同部门上报的数据整合而成，统计存在重复和空白，也没有形成统一的统计标准，统计口径方面存在明显偏差，还存在很多非公开的数据，使得在水资源资产及负债的核算过程中数据收集、处理和分析的难度加大，也使得水资源资产负债表编制的难度加大。

二、水资源资产及负债核算中对于环境问题认识不够全面

首先，对环境问题的认识不够全面，没有从现有的环境问题与环境责任出发，构建环境会计框架。水资源的开发利用与人类社会经济活动存在相互影响与相互作用的关系，如何界定或明确这些影响与作用存在较大困难，而要准确地量化、核算这些影响与作用，则尤为困难。对水资源资产及负债进行核算，本身就是个普遍性的难题。近年来，在水资源核算试点中，水资源资产的核算进行了初步探索，但在水资源资产及负债核算中，不仅仅需要调查现有水资源的使用情况，还要对水资源的保护以及现有水资源的合理利用情况进行分析。

其次，没有认识到环境作为一项公共产品，对环境的有效控制，需要一个宏观与微观衔接的核算体系。水资源量变化情况除受人为因素影响外，还受自然因素影响，因此要将水资源质量变化情况作为开展水资源核算的标准时，须尽量排除自然因素影响。在新时期，进行生态文明的建设需要注重自然资源的合理利用，保护好、利用好自然资源是刻不容缓的责任，同时还要注重前期遗留下来的污染问题，环境保护作为其中的重中之重，需要严格落实到位。

三、水资源资产及负债核算中忽视政府发挥的关键作用

我国环境资源属于国家所有，国家负有配置环境资源的责任。合理配置环境资源的依据之一，就是宏观环境会计提供的环境、资源及变化信息。通过宏观环境会计提供的资源环境信息，帮助资源所有者了解环境资源的分布情况、资源质量状况、资源产权变动情况、资源和经济发展投入产出效率，满足所有者管理、配置环境资源的需求。我国提出编制水资源资产负债表，目的首先是根据一定区域内的水资源资产状况及其变动情况反映区域经济社会发展成果和不足，其次是考核领导干部自然资源管理、保护、合理开发利用的水平，为建立生态环境损害责任终身追究制奠定基础。政府各部门分别对水资源资产进行管理，因此水资源的存储量、分布情况以及开发使用现状、将要应对的风险、未来的发展方向等实用性的信息分散在政府的各个部门，难以将各类水资源的数据进行优化整合，并且收集这些信息需要大量的成本，出现的结果是误差太大、信息不完整，并且没有合格的机构进行管理，不容易得到全面的核算依据，不利于工作的顺利开展。

随着科学技术和生产力的迅猛发展，人类对于自然界的影响在加速扩大。人类如果不对自己的行为及其后果进行反思和约束，就有可能在改造自然的同时为自己埋下毁灭的种子。在所有的社会组织中，政府是最具有公共权力的权威机构，如果不能够通过一个核算系统来了解环境资源的变化，政府的职能便不能很好地履行。水资源资产及负债核算就是这样一个核算系统，通过综合考虑资源环境、生态因素，使得政府能够客观地评价经济发展与水资源利用的协调程度。

四、水资源资产及负债核算理论体系不健全

从国际经验来看，西方学者及组织机构研究和探索包括自然资源在内的国家资产负债表已有半个多世纪，联合国国民经济核算体系（SNA-2008）的资产负债账户已经将投入社会经济生产的自然资源作为国家资产的一部分纳入国家资产负债表进行核算，而目前比较成熟和应用较为广泛的联合国环境经济综合核算体系中心框架（SEEA-2012）更是成为许多西方国家开展自然资源核算的基本框架，但是，这种核算方法侧重统计意义，国内外至今仍未形成一套真正意义上的自然资源核算方法体系。西方国家的自然资源资产核算体系只是反映社会经济活动中有关自然资源的信息，这显然并不能满足我们的需求。

目前开展水资源资产及负债的核算仍是一项较新的工作，无论是国外还是国内，水资源资产及负债的核算都没有一个统一成熟的范例，学术研究也大多集中在宏观账户框架体系的构建和理论的研究上。多数学者重点关注水资源资产的核算，没有深入探讨水资源负债，研究不能反映资源消耗、环境损害及生态破坏的程度，我国目前也仅进行了个别流域和行政区层面的试算，没有开展具体的核算工作。尽管关于水资源核算方法的研究不断加深，但是水资源如何纳入国民经济核算体系并没有形成统一、规范的方法。这项工作目前进展缓慢，尚未形成很好的解决办法，然而将水资源核算体系纳入国民经济核算体系中是非常重要的一步。可见，当前关于水资源资产及负债核算研究与实践成果仍然有限，开展水资源资产及负债的核算工作仍存在着诸多困难。

第三节　水资源资产及负债核算路径的整体框架

一、全面认识水资源资产及负债的形成机理

水资源资产及负债核算的研究基点应当是建立在对水资源资产及负债的正确认识之上。受到水资源的动态循环性、流动性、能量传输性、溶解性、可再生性、随机性的影响，水资源处于不断变化和调整中。在进行水资源资产及负债核算时，需要关注水文规律引起的水资源量的改变，并对水资源资产及负债的形成机理进行分析。在这过程中必须意识到以下两点：一是转变以往以单纯统计水资源数量作为水资源资产核算的思路，分析水资源资产系统演变规律；二是必须结合水资源的多样化用途及水资源利用的负外部性，分析水资源负债的形成机理。全面分析水资源资产及负债的形成机理，有助于摒弃以往对水资源核算仅停留在统计层面的缺陷，使得政府部门能够认识到人类经济活动对水资源的过度开发与不合理利用而产生的对水资源、水环境以及水生态系统的消极影响，对此承担主体责任和义务，并依法对水资源使用者的用水行为行使监管权。

二、科学规定水资源资产及负债的确认条件

对水资源资产及负债的确认是探讨核算水资源资产及负债并编制水资源资产负债表的基础。与传统会计相比，环境会计核算的对象具有不确定性，但仍能根据相关法律或文件进行推定。关于水资源资产及负债的确认问题，实质上就是要判断对水资源的开发利用是否应当以水资源资产或水资源负债的形式纳入核算范畴的过程。

在这过程中需要从以下两个方面进行考虑。一是借鉴会计学中对于资产及负债的确认条件，综合资产及负债的定义及确认条件，对水资源资产

及负债的确认展开分析；二是考虑到水资源的固有特征决定了水资源资产及负债确认的复杂性，结合水资源资产及负债的特征以及人类开发利用行为对水资源环境的影响，科学分析水资源资产及负债核算涉及的内容，强化水资源资产及负债确认的标准，为水资源资产及负债的核算奠定基础。

三、明确划分水资源资产及负债的核算边界

科学地核算水资源资产及负债是实现水资源可持续利用的重要环节，目前水资源资产及负债核算因受制于边界界定问题及核算方法的不一致，滞后于水资源资产化管理的需要。基于此，需要结合现有技术条件，从不同层次和角度归纳水资源资产及负债核算的边界界定方法，厘清各种核算边界之间的关系，分析不同核算边界各自存在的优劣势。综合各种因素，本研究认为我国水资源资产及负债核算边界界定应注重考虑以下几个方面。一是采取何种水资源资产及负债的核算边界，主要取决于核算的目的。在技术条件具备的情况下，应尽可能详细地核算水资源资产及负债，可以基于多种边界界定标准，核算出不同边界界定准则下的水资源资产及负债情况，以满足不同目的的需要。这也对我国加强水资源核算建设，改变现有统计体系与水资源核算体系不相适应的状况提出了新的要求。二是在核算边界和方法尚存在争议的前提下，应充分考虑不同区域数据的可获得性和可操作性情况，再确定核算水资源资产及负债的具体边界。三是在确定水资源资产和负债的核算边界过程中，尽量将所有的因素进行考虑，避免高估水资源资产和低估水资源负债。

四、构建水资源资产及负债核算模型

水资源资产及负债的核算是通过构建特定的计量模型，将已经被确认的水资源资产及负债以量化形式予以信息披露的过程。构建水资源资产及负债的核算模型与识别水资源资产及负债的形成机理、规定水资源资产及负债的确认条件、划分水资源资产及负债的核算边界等过程相衔接，都是开展水资源资产及负债核算的重要环节。

尽管现有研究大都支持实物计量与价值计量并行，但考虑到价值计量的结果是一个基于货币单位的同质性指标，虽然便于不同区域间之间进行加总，但却抹杀了水资源的异质性，不利于实施水资源的资产化管理和生态责任考核。此外，由于水资源的复杂性，诸多估价方法，如影子价格

法、净现值等都存在一定的假设前提和特定的适用范围，这将影响其可操作性。缺少规范统一的价值评估方法依然是制约水资源资产负债表编制的瓶颈，也是今后研究的重点。因此，在现有技术条件下，实物量是描述水资源变动状况的最佳方式，能够直观地反映水资源管理的受托责任，为政府部门从宏观角度进行决策提供指标依据。从政府责任视角来看，构建水资源资产及负债核算模型的关键在于如何保证所核算的水资源资产及负债符合代际公平及代内公平的要求。此外，在形成完整的水资源核算体系之后，如何将其与国民经济核算体系完美对接，使其纳入国民经济核算体系中，也是非常重要的一步。

第四节　本章小结

本章从满足国民经济宏观核算的要求、实行最严格水资源管理制度的要求、领导干部自然资源资产离任审计的要求三个层面分析了我国开展水资源资产及负债核算的需求，并认为当前我国水资源资产及负债核算存在现实困境的原因主要包括核算研究口径不一致、对环境问题认识不够全面、忽视政府发挥的关键作用、核算理论体系不健全等。在此基础上，提出了水资源资产及负债核算路径的整体框架，包括全面认识水资源资产及负债的形成机理、科学规定水资源资产及负债的确认条件、明确划分水资源资产及负债的核算边界、构建水资源资产及负债核算模型。

第四章　政府责任下的水资源资产及负债形成机理及确认条件

水资源资产及负债核算的对象均与人类开发利用水资源活动有关，其中水资源资产是围绕着人类生产生活对各种类型水资源的利用而形成的，水资源负债核算的是因人类开发利用水资源而产生的资源环境影响，水资源资产与水资源负债之间联系紧密。在公共受托责任层面，政府是全民所有自然资源的所有者代表，对用水主体的用水行为进行监管，并对水资源开发利用过程中形成的"负债"承担相应的主体责任和义务。基于系统理论及产权理论，本章具体解析了水资源资产及负债形成的客观要素及制度背景，并结合会计学中资产与负债的确认分别提出了水资源资产及负债的确认条件。

第一节　水资源系统核算中政府责任的定位

根据法律规定，国家享有大部分自然资源、历史遗迹等公共财产与公共资源的所有权，因此国家承担了对公共资产进行管理与维护的受托责任。为探究当前水资源系统核算与政府责任的关系，需要对政府责任在水资源管理中的定位进行分析。

政府责任可以分为广义层面的政府责任与狭义层面的政府责任。其中，广义层面的政府责任是指隶属于国家的行政单位或行政人员应严格履行相应的职责和义务；狭义层面的政府责任是指行政人员违反组织管理规定，无法履行自身职责并触及法律底线时必须承担的责任，并应接受法律处罚。对于政府责任的具体内容，可以从三个方面进行总结：（1）政治责任。政治责任要求政府采取各种政治手段捍卫国家权益，保障社会稳定发展，推动公共利益和公共目标的实现。政府部门及其人员应当以遵纪守法为前提，当他们违反法律规定行使权力及职能时，将承担法律惩罚产生的一切后果。（2）法律责任。政府部门应当遵守法律规定，在法律授予的权限内履行职责，不得发生贪污腐败等违法乱纪行为。如果行政人员因自身行为给社会带来经济或精神方面的损失，则必须给予公众相应的补偿。（3）社会经济责任。政府部门应当在提升国家综合国力上作出贡献，为人民谋福祉。为推动社会经济的可持续发展，政府部门应当主动履行其责任，如在宏观层面调控经济、实现收入再分配、加快生态文明体制改革等。

责任政府指出政府职能部门在行使其权利的同时应当承担相应的责任，并注重保护公民的合法权益。在水资源系统管理中，政府责任主要定位为"管理"和"报告"。其中管理责任体现为高效经济地利用公共资源。根据公共责任理论，政府部门是全民所有自然资源的所有者代表，对用水主体的用水行为进行监管，并为水资源开发利用中产生的"负债"承担相应的主体责任和义务。报告责任体现为明确自身管理的水资源资产，作为水资源资产及负债的核算主体，通过确认、计量并将水资源资产及负债信息纳入政府综合报告对外公布，使水资源信息透明化。

第二节　水资源资产及负债形成的客观要素

一、水资源资产系统及系统演变规律

钱学森指出系统是由互相作用和关联的各类组成部分构成的具备特定功能的有机整体，且该系统自身也构成了更大系统的一部分。从系统的构成来看，水资源系统包括资源、生态、社会及经济等系统。考虑到水资源的自然性及社会性，水资源系统中各子系统间具有明显的相互作用，因此可以采用水循环理论分析水资源资产系统。结合水资源资产的定义，水资源资产系统是经过人为取水工程、工具取用或者污废水处理后的水资源在社会系统的流动过程。

（一）多元水循环模式

不同于土地资源、矿产资源、林木资源等固体资源，水资源具有流动性，且在水循环系统中处于一种特定的动态状态，具有循环性。在自然系

统中，水资源以气态、液体及固态三种形态存在于大气、海洋以及陆地之中，形成了与人类生产活动紧密联系的水圈。水资源循环是水圈与其他圈层之间互联互通的作用过程。尽管地球表面绝大部分被水覆盖，但在水量循环中仅有一小部分的水资源可以供生产活动使用，那就是淡水资源。

自然界中的水资源循环不受到人类活动的影响，水体以蒸发、降水以及陆地径流的方式实现与大气的关联。在对流层中，水体蒸发凝结后产生降水，部分进入市政管网，其余部分在地表汇集形成径流。由于地表径流自身可以进行调蓄，随后也归入城市水系之中。同时，地表水下渗至土壤中，一部分渗透至市政管网，其余部分与地下水互相渗透。地下水与城市水系下游形成渗透和地下径流交互的过程。最终，地表水经过蒸发再次回到大气中。这一过程循环往复。水资源通过开采被消耗，并不断从大气降水中得到补充，自始至终一直存在于周而复始的开采、消耗、补给、恢复的无限循环过程。水文循环使得全球可更新的水资源不断被更新利用，形成连续的水资源循环系统，对各圈层之间的能量转换起到关键作用。同时，在全球水循环的影响下，海陆之间、区域之间的水分及能量分布不均现象趋于缓解，不同地区之间的干湿、冷热差异逐步减小。

社会水循环是水资源以水资源资产的方式产生社会经济价值，具有非常强烈的经济属性[265-266]。具体体现为物理形态的水进入到社会经济各部门的产品生产及服务提供环节，转化为蕴含虚拟水的产品或服务产出。其中一部分产出可作为中间投入继续在其他部门的产品中进行虚拟水转化，另一部分用于满足社会公众生活需求而被最终使用，其余部分留存于当地以固定资产或存货的方式被存储。在经过诸多复杂环节的转换后，水资源以污水形式被排放至自然界中。整体来看，水资源在单区域范围内经历了自然系统取水、社会经济用水及最终排放污水至自然环境中的闭合的社会水循环过程（图 4.1）。

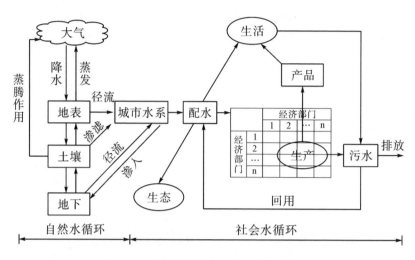

图4.1 单区域范围内自然—社会水循环

在人类社会经济活动规模日趋扩大的背景下，水资源在社会经济系统中的流动逐渐成为影响社会系统和自然水系统相互作用过程的主要形式[267-269]。推动社会水循环的根本原因，在于区域社会经济发展的水资源需求与地区供给之间的不平衡，需要在人力的驱动下改变水资源的运动过程，构建满足人类发展的新循环。在社会水循环的作用下，水资源发挥着越来越重要的经济社会作用，社会水循环下的水资源流转带来巨大利益，这类水资源在概念上属于水资源资产的范畴，应根据资产对其实施管理。

随着不同地区之间的贸易的开展，水资源以虚拟水的形式在地区之间流动。结合水循环的过程，产品贸易形成了流域间或区域间的隐形的水循环——贸易水循环。有别于实体水资源以社会再生产投入要素参与生产活动，贸易水循环是以提供产品（包括跨流域、区域调配水资源）及服务的形式，使得不同区域或流域之间的水资源系统建立起密切的联系。在市场经济下，商品和生产要素在全社会范围内流动，各地区消费的产品或服务往往来自其他地区，贸易水循环对社会再生产环节生产资料与消费资料的供给与需求之间的均衡关系产生了不容忽视的作用，影响整个社会再生产的顺利进行以及社会总产品的实现。在自然、社会和贸易水循环的作用下，形成多元水循环过程（具体见图4.2）。

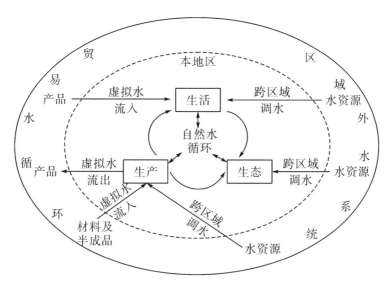

图 4.2 多元水循环过程

（二）多元水循环下的水资源资产系统

根据系统理论，多元水循环系统是在特定的情境中，为满足水资源开发利用需求，由多个互相关联、互相约束的子系统所构成的集合体。水资源资产系统是联结社会、经济以及环境系统的重要部分，是影响区域社会经济发展的核心部分，也是实现可持续发展的关键环节。考虑到在现代科技手段下的取水、用水、输水、排污过程直接影响了水资源资产系统，因此把水资源资产系统划分四个子系统，分别是供水系统、用水系统、贸易系统、污水处理及排放系统[270]。

（1）供水系统

在供水子系统中，可供生产生活使用的水资源包括地表水、地下水、跨区域调水、回用水、淡化水等。其中，地表水和地下水是常规水资源，其他则属于非常规水资源。地表水通常来自江河、湖泊和水库，是利用地表水源工程对自然环境中的水资源进行引水、提水和蓄水。地下水根据水资源所处位置，可分为浅层地下水和深层地下水两类。浅层地下水的更新速度较快，当被人类在合理的范围内取用时，可在较短时期内得到恢复。对于深层地下水而言，由于能够给其提供补给的水源有限，一旦被破坏后短期内无法复原，因而无法纳入常用水源进行统筹管理。流域外调水是指利用引水工程获取其他地区调入的地表水资源；污水回用、海水淡化以及微咸水利用均是在特殊的技术手段下将污水、海水及微咸水转化为可利用的水资源。

（2）用水系统

用水系统是实现水资源效用的主要环节。在社会经济发展对水资源的需求下，工业用水、农业用水、生活用水以及生态环境用水构成用水系统的重要组成部分。其中工业用水和农业用水构成了生产用水。工业用水涵盖了工、矿企业在制造、加工、冷却、净化、洗涤等环节的用水以及工厂职工的生活用水。在工业用水过程中，水资源作为不可缺少的生产资料在经济系统中进行由实体水向虚拟水的转换过程。农业用水包括农田灌溉用水和林牧渔业用水，农田灌溉用水分为水浇地和水田用水。生活用水分为城镇和农村生活用水，城镇生活用水包括居民家庭用水和公共用水两个部分，公共用水涉及商业饮食和服务业用水。生态环境用水是确保生态系统正常运行的最低水量，是生态系统安全的基本阈值。生态用水包括水土保持、林业生态工程建设、维持河流水沙平衡、回补超采地下水所需生态水量及城市生态用水等。城镇绿地与城镇河湖环境补水也属于生态环境用水。

（3）贸易系统

在流域及区域经济生产及产品交换需求日趋扩大的情况下，推动流域水循环过程的非自然因素除了流域范围内的，还包括流域外部的需求因素。实体商品作为水资源的主要载体，在区域间贸易流动的作用下实现了虚拟水资源的"流动"，并对区域内的水资源循环和水安全产生了重要的影响。嵌入商品的虚拟水在遵循市场交易规律的情况下，通过商品流通、消费及回收再生产过程实现了虚拟水资源的贸易、消费及回用过程。

（4）污水处理及排放系统

城镇污水集中处理具体涉及了三个主要环节。第一步是由市政排水管网系统将工业企业排放的污水、居民日常生活产生的污水以及降雨径流进行统一收集至污水处理厂。第二步是污水处理厂以城镇污水集中处理标准及与相关主管部门达成的特许经营协议为标准，对所收集的污水进行检测和处理。现行的污水处理技术较多，典型的方法主要包括氧化法、生物膜法、活性污泥法等。这三类污水处理技术适用于不同的情况，氧化法操作流程较为简单，污染处理成本低；生物膜法适用于小规模污水处理厂的污水处理，有利于降低污泥产生量，污染处理成本高；活性污泥法能够在实现节能减排的同时，提高水质净化程度。第三步是污水处理厂将处理后达到污水集中处理标准或者协议规定标准的污水排放入河或入海[271]。

（三）水资源资产系统演变规律

在多元水循环的过程中，自然与社会系统、社会与贸易系统之间产生联动，同时嵌入在产品中的虚拟水的流动和消费对实体水资源的需求产生反馈作用[272]。水资源资产系统的演变规律即为水资源以物理流、效用流、价值流的形式在不同时空范围的流动，见图4.3。水资源的物理流体现为实体水资源的流动，水体蒸发凝结后产生降水，在地表汇集产生径流，利用引调水工程实现利用，同时水体经过蒸发再次形成降水。水资源的效用流体现为实体水资源转化为虚拟水资源的过程，水资源通过引调水被取用、消耗，并以嵌入在产品中的虚拟水的形式产生价值。水资源的价值流体现为通过产品贸易的方式，实现对虚拟水的消费，并最终以产品残值回收的形式反映虚拟水的利用过程。在多元水循环的影响下，水资源在自然系统、社会系统和贸易系统中产生循环交互关系，实现了全球范围内水资源资产的动态耦合过程。

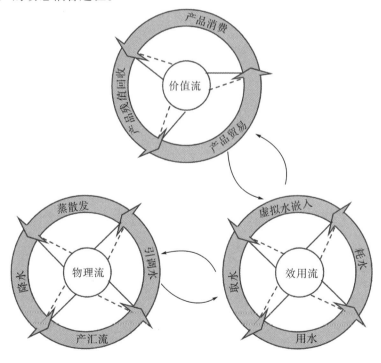

图4.3　水资源资产系统演变过程

二、外部不经济与水资源负债

自然水循环为经济生产提供了水资源，确保社会经济系统的正常运行，并决定了社会水循环的利用规模和利用方式。当水资源进入社会系统后，由于社会水循环过程是闭合的，在水资源发挥作用后才能由社会系统回归到自然界中。在社会高速发展的同时，人口规模不断扩大，对水资源的需求也与日俱增，导致对多元水循环系统产生较大的压力。与此同时，受到气候变化、水体污染等诸多方面的影响，水资源的供给功能受到巨大挑战。水资源的供需矛盾日益突出，影响了社会经济的正常运行[273]。

具体而言，水资源的多样化用途使得水资源的利用决策可能会具有逐利性，这将导致水资源利用产生负外部性，具体表现为水资源的某种用途对其他用途带来无法补偿的负面影响，水资源利用产生了偏向性并会对整个水资源资产系统起到负面作用。当经济生产使用并消耗一定规模的水资源时，就意味着会挤占相应的生态用水需求。当经济生产过程向环境排放水污染物时，就会对水环境和水生态产生不利影响，从而影响对经济系统的水资源供给。可见，社会水循环对自然水循环的负外部性主要体现在社会水循环过程中的取水环节和排水环节。取水环节中需要关注的是社会经济系统对环境的取水量，在这个过程中产生的外部不经济会导致流域生态缺水。排水环节需要关注的是社会经济系统排入环境的水体质量，在这个过程中产生的外部不经济会导致流域水环境的污染和破坏。水资源的多元循环会对原始状态下的自然水循环产生干扰，并导致水环境的恶化，损害水资源对社会经济的支撑功能，并最终导致形成水资源负债。

第三节　水资源资产及负债形成的制度背景

多元水循环是形成水资源资产的关键环节，水循环过程中产生的外部不经济是造成水资源负债的主要原因。为保证生态环境和经济环境的可持续发展，国家有关部门遵循水资源的自然规律，通过制定法律法规对水资源的利用进行干预或管控。产权明晰化对水资源资产及负债确认范围提供制度上的规定，是水资源资产及负债核算和评估的基础[274]。围绕水资源资产产权的一系列法律法规的设立为水资源资产及负债的确认和核算提供了制度背景。

一、水资源资产产权制度的演变

自新中国成立后，我国逐步建立了与计划经济体制相适应的自然资源公有产权制度。在改革开放后，我国经济体制发展方向逐步转为建立并完善社会主义市场经济体制。在此背景下，自然资源资产产权制度产生了变化。与之对应的水资源资产产权制度的演变主要经历了三个阶段。

第一阶段为新中国成立至 20 世纪 70 年代末，即计划经济体制时期，在这一时期水资源为国家所有。《中华人民共和国宪法》（1954 年）提出"矿藏、水流，由法律规定为国有的森林、荒地和其他资源，都属于全民所有"。《宪法》仅强调了水资源的国家所有权，并未涉及其他具体权属制度。这一阶段的水资源确权是由政府行为决定的，没有法律与行政法规为依据。在国家确保国营经济优先发展的前提下，水资源及其产权的交易被禁止与限制。在计划经济体制时期水资源完全公有产生的不利影响有：产权缺位使得个人在利用水资源时会出现短视行为，并不考虑其使用成本；与此同时，水资源无法进行交换，不存在用途配置，使得水资源价值减少。

第二阶段为 20 世纪 70 年代末至 1987 年，即经济体制转轨过渡时期，水资源资产的所有权与使用权出现分离。《中华人民共和国宪法》（1982 年）规定："矿藏、水流、森林、山岭、草原、荒地、滩涂等自然资源，都属于国家所有，即全民所有；由法律规定属于集体所有的森林和山岭、草原、荒地、滩涂除外。国家保障自然资源的合理利用，保护珍贵的动物和植物。禁止任何组织或者个人用任何手段侵占或者破坏自然资源。"《中华人民共和国民法通则》（1986 年）（以下简称《民法通则》）规定："公民、集体依法对集体所有的或者国家所有由集体使用的森林、山岭、草原、荒地、滩涂、水面的承包经营权，受法律保护。承包双方的权利和义务，依照法律由承包合同规定。国家所有的矿藏、水流，国家所有的和法律规定属于集体所有的林地、山岭、草原、荒地、滩涂不得买卖、出租、抵押或者以其他形式非法转让。"随着《宪法》与《民法通则》的修订，水资源产权制度初具雏形。这些法律法规将水资源的所有权与使用权相分离，并提出了水资源的开发利用权[275]。但由于该阶段没有明确的制度规定，使得水资源往往被免费或低价获取。使用权无法进行交易导致的最大问题是水资源资产使用效率低。

第三阶段是 1988 年至今，即社会主义市场经济体制时期水资源产权可交易阶段。随着 1988 年《中华人民共和国水法》的正式颁布，水资源被明确规定为国家所有，即全民所有。国家对水资源采取统一管理与分部门管理相结合的管理方式。此外，为适应社会经济发展水平及满足人民生产生活的需要，《水法》对水资源的开发、利用、保护及管理进行了规定。在《水法》颁布之后，我国加快了水资源的法律法规体系建设进程，且成绩显著。在水法规体系方面，颁布了《中华人民共和国水土保持法》《中华人民共和国水污染防治法》《中华人民共和国防洪法》等与水资源相关的基本法律，并制定了专项行政法律及规章。各地政府及水行政主管单位结合当地现实状况，制定了地方性法规及规章。在此阶段，全国范围内已形成了具有中国特色的、较为完善的水资源管理法规体系。国家拥有水资源的所有权，用水主体根据法律法规取得水资源使用的行政许可，并缴纳相应的水资源费用后行使水资源的使用权和收益权等。在行政许可制度中，根据区域（流域）范围内用水总量控制水资源的使用量，并利用定额管理限制各企业单位的行政许可取水量，节约的水资源量可以在水权市场上进行交易。

二、水资源资产的权属设定

资源产权理论指出，自然资源属于公共资源，自然状态下的自然资源所有权不属于任何人[276-277]。《宪法》规定了国家对自然资源所有权的垄断性。考虑到国家属于虚置的主体，不能具体到某个人或主体对自然资源实行全面管理，因此政府被授予权限以代理人的身份管理自然资源[278]。在总量控制原则的规定下，政府对自然资源使用权进行分配。自然资源的所有权与使用权相分离，所有权在经济层面成为形式，而使用权则真正成为与自然资源相关的权、责、利发生的起点[279-280]。我国设置水资源产权的目的是对绝大部分的水资源采取产权界定[281]。当水资源的使用情境较多时，真正对社会经济发生作用的是参与社会生产生活的那部分水资源，对这些水资源的使用权及管理权进行界定就能实现对水资源资产及负债的确认及核算。关于水资源资产的权属，具体包括水资源的所有权、管理权及使用权。

（一）所有权

《宪法》赋予了我国水资源管理制度的权力来源，它是统治阶段进行阶级统治的工具，反映出统治阶级的最高意志。我国作为人民民主专政的社会主义国家，人民意志在《宪法》中得到体现。《宪法》指出水资源所有权为国家所有，通过国家权力强行规范水资源的用途，并由水行政主管部门对用水主体的用水行为加以约束[282]。在宏观层面上，国家是水资源的所有者，是水资源所有权力的来源，以此为基础对中观层面的水资源进行管理。除了设计水资源资产的宏观制度以外，国家不具体参与水资源资产的微观利用。国家的"权"体现为根据全国水资源情况及社会经济发展特征对各区域范围的可取水量进行确定，即实行水资源配置。国家的"责"体现为保证区域生活用水和生态环境用水安全，并确保国家发展战略得以施行。国家的"利"体现为统筹对水资源的开发、利用及保护，使各地区的社会、经济、环境能够实现绿色可持续发展。

（二）管理权

水行政主管部门根据国家制定的水资源分配方案以及水资源管理制度，对本区域范围内的水资源进行管理。实施水资源管理的最终目标是确保社会经济和生态环境的协调发展。政府在具体管理中践行保护水资源的可持续利用、保障生态及社会可持续发展的宗旨，结合水资源的不同用途，优先确保居民日常生活用水和维持生态环境基本用水，同时对生产用水进行优化分配，杜绝出现水资源浪费或不合理利用的情况，以实现区域整体的可持续发展。在中观层面，水资源管理涉及了水资源的行政管理，同时也包括水资源资产管理[283]。具体而言，政府部门的水资源管理可以根据不同阶段划分为水资源的前期规划、中期利用及后期监管等。前期规划是指对水资源的规划、用水总量控制以及水功能区的划分；中期利用是指对取水许可、用途变更的管理；后期监管则指的是对收益的管理及公众参与。可见，政府部门的水资源管理始终贯穿水资源从开发到利用再到治理的所有环节，属于全过程的管理。

（三）使用权

关于水资源资产的使用权，是从水资源所有权中单独分离出的独立于所有权的一项权能。国家对水资源完全所有，并让渡出水资源的使用权，以使得水资源能够更好地发挥其服务社会的功能，并提高水资源价值。在水资源国家所有的前提下，将水资源所有权和使用权进行分离是提高资源利用效率的最佳方式。权利主体对水资源单独行使占有、使用及收益等权利并不会影响到水资源的所有权归属。

具体而言，在取水环节水资源的所有权为国家所有，在这环节的使用权主要是指取水权，按照相应的原则归属于权益主体所有。即国家所有权主要体现为尚未参与社会水循环的自然水资源，即取水之前的全部水资源。当在地方政府的许可下，水资源参与到社会水循环过程，微观用水主体享有类似私有产权的权利，并拥有除所有权以外的其他所有权利[284]。但用水主体的具体行为，如取水方式、量、质、域等，必须根据国家、流域部门以及水行政主管部门的规定进行，依据主要是地区的可利用水资源量以及相关行业规定等。

对于提取的水资源，在被投入生产之前涉及的是用水，在生产过程中涉及的是耗水，在生产完成后涉及的是排水。关于产权的性质，与用水相关的是水资源的使用权，与耗水相关的是水资源的收益权，与排水相关的是水资源的处置权。在生产过程中通过利用水资源，将其和其他资源进行结合最终产出商品或服务，在这期间所消耗的水资源形成收益，表现为水资源的收益权。这部分权益被用水主体享有。耗水量是实际使用的水量，是区域范围内水资源的绝对减少（尽管少部分耗水并未直接为收益作出贡献），会导致国家所有的水资源量的减少，具有外部性特征。国家在设计水资源宏观分配制度及水资源资产产权制度时以此为重要依据。水资源的消耗是收益权的体现，但不能被用作直接交易。

在排水环节，主要涉及权益主体对水资源的处置。这一环节受到国家严格的用途管制和监管。对于完全不再投入生产过程的废水（不包括还可以被其他生产线二次利用的废水），国家及地方政府部门对其进行严格管控和监管[285]。在农业生产过程中，排水行为属于水资源回到自然界水循环的过程，如排放至河流、湖泊以及地下水等，但由于这些水通常含有污染物质，会造成面源污染，因而受到国家和地方政府的监管。在工业生产中，部分废水在被处理后排入水体。这部分水也影响了自然状态下的水资源循环过程，因此需要对这部分水进行重点处理和监管。总而言之，完全脱离生产过程的水资源属于国家所有，国家强制规定企业单位对这些水进行处理，企业单位不能对其进行私自经营。

三、公共受托责任下的政府水资源管理

政府水资源管理部门约束用水主体的用水行为，其内在原因是水资源匮乏使得水资源无法满足社会经济的供给要求，并且为保护水生态环境需

要对污染物排放量进行限制。在当前的水资源供需矛盾及水资源管理问题下，政府部门进行管理的核心目标是规范用水主体的用水行为，提高用水效益、用水效率以及减少污染排放。而从用水主体角度，无论用水主体是何种用水行为，都享有最基本的用水权利，且都倾向于通过大量利用水资源以产生更多的财富。因此，如何协调政府部门和用水主体间的矛盾，在保障用水主体权益的基础上实现整体用水目标最优，这是政府部门进行水资源资产化管理活动中必须妥善处理的重要方面[286]。

为了分析在多元水循环过程中政府部门的作用，有必要探讨政府部门与用水主体之间的策略选择及其演化趋势。以演化博弈理论为依据，构建政府部门与用水主体在水资源利用过程中的演化博弈模型，研究政府部门履行其公共受托责任中影响博弈主体策略选择的关键要素，分析模型的系统稳定性，并找到各主体的演化稳定策略。

（一）模型变量设定

完全理性意味着博弈中的人具备追寻利益最优的思想觉悟、推理判别技能以及行动能力，但实际情况中人不可能是十全十美的，在面对复杂的问题时也可能产生思维局限性。因此，对有限理性的人的行为进行研究，更具有现实意义。

本演化博弈模型主要分为两类博弈群体，分别是政府部门和用水主体。由于信息收集等方面受限，这两类人均是有限理性的，且都以自身利益为策略导向。其中，政府部门的策略集合包括采取严格的水资源管控策略和采取宽松的水资源管控策略（严格管控，不严格管控），政府部门采取严格管控策略的概率为 p（$0 \leq p \leq 1$），不采取严格管控策略的概率为 $1-p$。用水主体的策略集合为配合政府和不配合政府（配合，不配合）。用水主体选择配合政府的概率为 q（$0 \leq q \leq 1$），不配合政府的概率为 $1-q$。每一类群体的策略选择是统一的，即不存在一部分用水主体配合政府采取严格的水资源管控策略，而其余用水主体不配合政府采取严格的水资源管控策略。

若政府实施严格的水资源管控政策，在用水主体配合的前提下，会得到生态环境效益 A。若政府不选择实施严格的水资源管控政策而选择执行较宽松的水资源管控政策，则在用水主体配合的情况下，会获取一定的环境效益 H。若政府实施严格的水资源管控政策，在用水主体不配合的情况下，用水主体除了需要遭受处罚外，还需承担恢复生态环境的成本 E；若政府实施宽松的水资源管控政策，在用户不配合的情况下导致水资源的过度使用与水生态环境的破坏，用水主体遭受政府处罚，所产生的生态环境恢复成本 E 由政府承担。

当政府选择"严格管控"策略，用水主体选择"配合"策略时，政府因选择执行严格水资源管控政策需付出成本 a_1，同时可以获取一定的生态环境效益 A。用水主体努力配合政府的水资源管理政策，获得的经济收益为 b。

当政府选择"严格管控"策略，用水主体选择"不配合"策略时，政府因选择执行严格水资源管控政策需付出成本 a_1，政府获取用水主体不配合的罚金 D。用水主体不按照规定使用水资源，获得的收益为 f，同时支付给政府的处罚罚金为 D，并承担恢复生态环境的成本 E。

当政府选择"不严格管控"策略，用水主体选择"配合"策略时，政府实施宽松的水资源管控政策进行水资源的管理，发生成本 a_2，此时用水主体积极响应，水资源保护取得一定效果，生态环境效益为 H。用水主体配合政府宽松的水资源管控政策，获得的经济收益为 h。

当政府选择"不严格管控"策略，用水主体选择"不配合"策略时，政府付出的宽松的水资源管控政策成本 a_2，获取用水主体不配合的罚金 D，并需要承担生态环境恢复成本 E。用水主体不按照规定使用水资源，获得的收益为 f，同时需要支付给政府的处罚罚金为 D。

政府选择实施严格的水资源管控政策时，需要对各地区的社会、经济、环境、可持续发展等因素进行全方位调研，发生成本 a_1。当政府选择不严格管控时，发生的成本为 a_2。由于实施严格的水资源管控政策需要大量的调查与测算，因此 $a_1 > a_2$。

具体参数含义见表4.1。

表 4.1　政府与用水主体博弈的参数设置

参数	参数含义
p	政府部门选择实施"严格管控"政策的概率，$0 \leqslant p \leqslant 1$
q	用水主体选择配合政府政策的概率，$0 \leqslant q \leqslant 1$
A	政府实施严格管控政策且用水主体配合时，获得的环境效益
H	政府实施宽松管控政策且用水主体配合时，获得的环境效益
E	用水主体不配合政府发生的生态环境恢复成本

表4.1(续)

参数	参数含义
a_1	政府实施严格管控政策发生的成本
a_2	政府实施宽松管控政策发生的成本
b	用水主体配合政府的严格管控政策获得的收益
D	政府对用水主体不服从指令的处罚
f	用水主体不配合政府政策获得的收益
h	用水主体配合政府的宽松管控政策获得的收益

根据上述参数设置，不难得到政府与用水主体在不同行为策略选择下的收益矩阵，见表4.2。

表4.2　政府与用水主体博弈的收益矩阵表

政府

		严格管控（p）	不严格管控（$1-p$）
用水主体	配合（q）	（b, $A-a_1$）	（h, $H-a_2$）
	不配合（$1-q$）	（$f-D-E$, $D-a_1$）	（$f-D$, $D-a_2-E$）

（二）稳定性分析

在博弈的最初阶段，有限理性的博弈群体不会做出最优策略选择。随着连续的随机博弈的进行，两类博弈群体会根据较高收益的行为策略做出自身策略的调整，实现利益的最大化[287-288]。在此期间不断的策略调整过程即为演化博弈的过程，其最后的策略选择即为演化系统均衡策略。

（1）用水主体复制动态方程及稳定性分析

根据表4.2计算用水主体采取"配合"政府的策略和"不配合"政府的策略的期望收益。用水主体"配合"政府的期望收益 U_1 和"不配合"政府的期望收益 U_2 分别如下：

$$U_1 = pb + (1-p)h \tag{4.1}$$

$$U_2 = p(f-D-E) + (1-p)(f-D) \tag{4.2}$$

用水主体的平均期望收益为

$$\bar{U} = qU_1 + (1-q)U_2 \tag{4.3}$$

复制动态方程作为一种动态微分方程，被用来反映某类主体选择某类策略的频数及频度。用水主体选择"配合"策略的复制动态方程为

$$F(q) = \frac{dq}{dt} = q(U_1 - \overline{U}) = q(1 - q)(U_1 - U_2)$$

$$= q(1 - q)[p(b + E - h) + h + D - f] \quad (4.4)$$

对 $F(q)$ 一阶求导，则有

$$F'(q) = (1 - 2q)[p(b + E - h) + h + D - f] \quad (4.5)$$

令 $F(q) = 0$，结合方程（4.4），可知 $q^* = 0$ 和 $q^* = 1$ 是两个潜在的稳定状态点。

①当 $p = p_0 = \dfrac{f - D - h}{b + E - h}$ 时，存在 $0 < \dfrac{f - D - h}{b + E - h} < 1$，那么对于任意 $q \in$ [0，1]，均存在 $F(q) = 0$，即 q 在 [0，1] 区间内任何情况下均处于稳定水平。那么当政府以 $p = p_0 = \dfrac{f - D - h}{b + E - h}$ 的概率选择"严格管控"时，用水主体不论是选择"配合"政府的策略还是"不配合"政府的策略，从收益上来看并未形成任何区别。此时，就存在所有的策略选择 q 对用水主体而言均稳定的状态。用水主体的动态演化路径见图4.4。

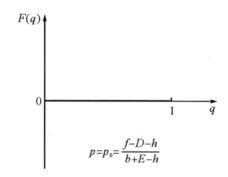

图4.4 当 $p = p_0$ 时用水主体的动态演化路径

当 $p \neq p_0$ 时，$q^* = 0$ 和 $q^* = 1$ 是潜在的两个系统均衡点。结合微分方程的局部稳定性原理，当 $F(q) = 0$，$F'(q) < 0$ 时，q 是该系统的局部稳定点。根据公式（4.5），有

$$\begin{cases} F'(0) = [p(b + E - h) + h + D - f] \\ F'(1) = -[p(b + E - h) + h + D - f] \end{cases} \quad (4.6)$$

②当 $p > p_0 = \dfrac{f-D-h}{b+E-h}$ 时，存在 $F'(0) > 0$，$F'(1) < 0$，则 $q^* = 1$ 是系统演化稳定策略。当政府部门以高于 $\dfrac{f-D-h}{b+E-h}$ 的概率选择实施"严格管控"策略时，用水主体将会从"不配合"政府策略逐步演变为"配合"政府策略，用水主体"配合"政府部门策略成为用水主体的演化稳定策略。用水主体的动态演化路径图见图4.5。

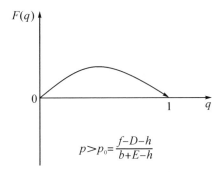

图 4.5 当 $p>p_0$ 时用水主体的动态演化路径

③当 $p < p_0 = \dfrac{f-D-h}{b+E-h}$ 时，存在 $F'(0) < 0$，$F'(1) > 0$，则 $q^* = 0$ 是系统演化稳定策略。当政府部门以低于 $\dfrac{f-D-h}{b+E-h}$ 的概率选择实施"严格管控"策略时，用水主体将从"配合"政府策略逐步演变为"不配合"政府部门策略，用水主体"不配合"政府部门策略成为用水主体的演化稳定策略。用水主体的动态演化路径图见图4.6。

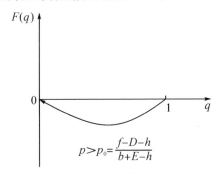

图 4.6 当 $p<p_0$ 时用水主体的动态演化路径

（2）政府复制动态方程及稳定性分析

根据表4.2计算政府采取"严格管控"策略和"不严格管控"策略的

期望收益。政府采取"严格管控"策略的期望收益 V_1 和"不严格管控"策略的期望收益 V_2 分别如下：

$$V_1 = q(A - a_1) + (1 - q)(D - a_1) \tag{4.7}$$

$$V_2 = q(H - a_2) + (1 - q)(D - a_2 - E) \tag{4.8}$$

政府部门的平均期望收益为

$$\bar{V} = pV_1 + (1 - p)V_2 \tag{4.9}$$

政府部门选择"严格管控"策略的复制动态方程为

$$G(p) = \frac{\mathrm{d}p}{\mathrm{d}t} = p(V_1 - \bar{V}) = p(1 - p)(V_1 - V_2)$$

$$= p(1 - p)[q(A - H - E) + a_2 + E - a_1] \tag{4.10}$$

对 $G(p)$ 一阶求导，则有

$$G'(p) = (1 - 2p)[q(A - H - E) + a_2 + E - a_1] \tag{4.11}$$

令 $G(p) = 0$，根据复制动态方程（4.10），可得 $p^* = 0$ 和 $p^* = 1$ 是两个潜在的稳定状态点。

①当 $q = q_0 = \dfrac{a_1 - a_2 - E}{A - H - E}$ 时，存在 $0 < \dfrac{a_1 - a_2 - E}{A - H - E} < 1$，那么对于任意 $p \in [0, 1]$，均存在 $G(p) = 0$，即 p 在 $[0, 1]$ 区间内任何情况下均处于稳定水平。此时，当用水主体以 $q = q_0 = \dfrac{a_1 - a_2 - E}{A - H - E}$ 的概率选择"配合"政府时，政府部门不论是选择"严格管控"的策略还是"不严格管控"的策略，从收益上来看并未形成任何区别。这种情况下，存在所有的策略选择 p 对政府部门而言均稳定的状态。政府部门的动态演化路径见图 4.7。

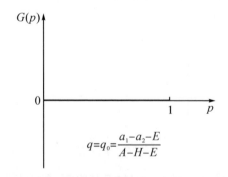

图 4.7　当 $q=q_0$ 时政府部门的动态演化路径

当 $q \neq q_0$ 时, $p^* = 0$ 和 $p^* = 1$ 是可能的两个系统均衡点。结合微分方程的局部稳定性原理，当 $G(p) = 0$, $G'(p) < 0$ 时, p 为系统局部稳定点。根据公式（4.11），有

$$\begin{cases} G'(0) = [q(A - H - E) + a_2 + E - a_1] \\ G'(1) = -[q(A - H - E) + a_2 + E - a_1] \end{cases} \quad (4.12)$$

②当 $q > q_0 = \dfrac{a_1 - a_2 - E}{A - H - E}$ 时，存在 $G'(0) > 0$, $G'(1) < 0$ ，则 $p^* = 1$ 是系统演化稳定策略。当用水主体以高于 $\dfrac{a_1 - a_2 - E}{A - H - E}$ 的概率选择"配合"政府部门策略时，政府部门将从"不严格管控"策略逐步演变为"严格管控"策略，"严格管控"策略成为政府部门的演化稳定策略。政府部门的动态演化路径图见图 4.8。

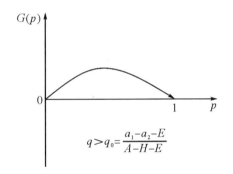

图 4.8 当 $q > q_0$ 时政府部门的动态演化路径

③当 $q < q_0 = \dfrac{a_1 - a_2 - E}{A - H - E}$ 时，存在 $G'(0) < 0$, $G'(1) > 0$ ，则 $p^* = 0$ 是系统演化稳定策略。当用水主体以低于 $\dfrac{a_1 - a_2 - E}{A - H - E}$ 的概率选择"配合"政府部门策略时，政府部门将从"严格管控"策略逐步演变为"不严格管控"策略，"不严格管控"策略成为政府部门的演化稳定策略。政府部门的动态演化路径图见图 4.9。

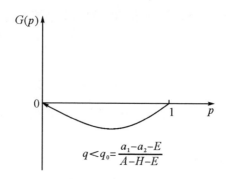

$$q < q_0 = \frac{a_1 - a_2 - E}{A - H - E}$$

图4.9　当 $q < q_0$ 时政府部门的动态演化路径

（3）用水主体和政府部门系统稳定性分析

在用水主体和政府部门的动态演化博弈过程中，（ $\dfrac{a_1 - a_2 - E}{A - H - E}$，

$\dfrac{f - D - h}{b + E - h}$ ）为使得结构特征发生变动的关键阈值。如果两个博弈主体的策略选择靠近这个数值，博弈结果将会变动特别敏感，任意一个主体的策略发生微小的变化均会使得其他主体的策略发生变动，具体见图4.10。

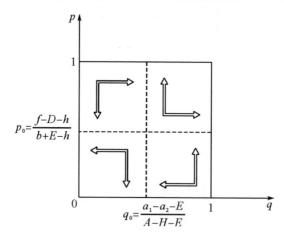

图4.10　政府部门与用水主体博弈的系统复制动态关系和稳定性

公式（4.4）和公式（4.10）组成了用水主体和政府部门演化博弈的动态复制系统，该系统存在（0,0）（0,1）（1,0）（1,1）和（q_0，p_0）五个可能的演化稳定均衡点。系统雅克比矩阵为

$$J = \begin{pmatrix} a_{11} & a_{12} \\ a_{21} & a_{22} \end{pmatrix} = \begin{pmatrix} \dfrac{\partial F(q)}{\partial q} & \dfrac{\partial F(q)}{\partial p} \\ \dfrac{\partial G(p)}{\partial q} & \dfrac{\partial G(p)}{\partial p} \end{pmatrix}$$

$$= \begin{pmatrix} (1-2q)\,[\,p(b+E-h)+h+D-f\,] & q(1-q)\,(b+E-h) \\ p(1-p)\,(A-H-E) & (1-2p)\,[\,q(A-H-E)+a_2+E-a_1\,] \end{pmatrix}$$

$$(4.13)$$

雅克比矩阵的行列式 $\det J$ 和迹 $\mathrm{tr}J$ 分别为

$$\det J = a_{11}a_{22} - a_{12}a_{21} = \frac{\partial F(q)}{\partial q} \times \frac{\partial G(p)}{\partial p} - \frac{\partial F(q)}{\partial p} \times \frac{\partial G(p)}{\partial q}$$

$$(4.14)$$

$$\mathrm{tr}J = a_{11} + a_{22} = \frac{\partial F(q)}{\partial q} + \frac{\partial G(p)}{\partial p} \qquad (4.15)$$

考虑到五个可能的局部均衡点未必都为系统的稳定均衡点，因此需要判断这五个点是否都属于稳定均衡点，并分析雅克比矩阵的局部稳定性。当局部均衡点同时符合 $\mathrm{tr}J = a_{11} + a_{22} < 0$ 和 $\det J = a_{11}a_{22} - a_{12}a_{21} > 0$ 条件时，该点即为系统的稳定均衡点。a_{11}、a_{12}、a_{21}、a_{22} 在五个局部均衡点的取值见表4.3。

表4.3 a_{11}、a_{12}、a_{21}、a_{22}在可能局部均衡点的值

均衡点	a_{11}	a_{12}	a_{21}	a_{22}
$(0, 0)$	$h + D - f$	0	0	$a_2 + E - a_1$
$(0, 1)$	$b + E + D - f$	0	0	$-(a_2 + E - a_1)$
$(1, 0)$	$-(h + D - f)$	0	0	$A + a_2 - H - a_1$
$(1, 1)$	$-(b + E + D - f)$	0	0	$-(A + a_2 - H - a_1)$
(q_0, p_0)	0	X	Y	0

由于在点 (q_0, p_0) 处的 $\mathrm{tr}J = a_{11} + a_{22} = 0$，排除该点为系统稳定均衡点。根据判定条件 $\mathrm{tr}J = a_{11} + a_{22} < 0$ 和 $\det J = a_{11}a_{22} - a_{12}a_{21} > 0$，其余四个点的计算结果见表4.4。

表 4.4　tr$J$ 和 det$J$ 在可能均衡点的值

均衡点	tr$J$	det$J$
(0, 0)	$(h+D-f)+(a_2+E-a_1)$	$(h+D-f)\times(a_2+E-a_1)$
(0, 1)	$(b+E+D-f)+$ $[-(a_2+E-a_1)]$	$(b+E+D-f)\times$ $[-(a_2+E-a_1)]$
(1, 0)	$[-(h+D-f)]+$ $(A+a_2-H-a_1)$	$[-(h+D-f)]\times$ $(A+a_2-H-a_1)$
(1, 1)	$[-(b+E+D-f)]+$ $[-(A+a_2-H-a_1)]$	$[-(b+E+D-f)]\times$ $[-(A+a_2-H-a_1)]$

　　根据演化博弈系统稳定均衡点的判定方法，具体判定结果见表 4.5 所示。

表 4.5　政府部门与用水主体博弈的系统稳定点判别结果

可能均衡点	判定条件	tr$J$ 符号	det$J$ 符号	结论
(0,0)	$h+D-f<0, a_2+E-a_1<0$	−	+	ESS
	$h+D-f<0, a_2+E-a_1>0$	不确定	−	鞍点
	$h+D-f>0, a_2+E-a_1<0$	不确定	−	鞍点
	$h+D-f>0, a_2+E-a_1>0$	+	+	不稳定
(0,1)	$b+E+D-f<0, -(a_2+E-a_1)<0$	−	+	ESS
	$b+E+D-f<0, -(a_2+E-a_1)>0$	不确定	−	鞍点
	$b+E+D-f>0, -(a_2+E-a_1)<0$	不确定	−	鞍点
	$b+E+D-f>0, -(a_2+E-a_1)>0$	+	+	不稳定
(1,0)	$-(h+D-f)<0, A+a_2-H-a_1<0$	−	+	ESS
	$-(h+D-f)<0, A+a_2-H-a_1>0$	不确定	−	鞍点
	$-(h+D-f)>0, A+a_2-H-a_1<0$	不确定	−	鞍点
	$-(h+D-f)>0, A+a_2-H-a_1>0$	+	+	不稳定
(1,1)	$-(b+E+D-f)<0, -(A+a_2-H-a_1)<0$	−	+	ESS
	$-(b+E+D-f)<0, -(A+a_2-H-a_1)>0$	不确定	−	鞍点
	$-(b+E+D-f)>0, -(A+a_2-H-a_1)<0$	不确定	−	鞍点
	$-(b+E+D-f)>0, -(A+a_2-H-a_1)>0$	+	+	不稳定

（三）演化仿真分析

结合博弈系统稳定性分析，采用 Matlab 软件对其模拟仿真，论证各系统稳定均衡点及博弈主体不同初始值点向均衡点的演化过程。

①当 $h + D - f < 0$，$a_2 + E - a_1 < 0$ 时，对该情况下的具体参数赋值，令 $h = 7$，$D = 7$，$f = 15$，$a_2 = 5$，$E = 2.3$，$a_1 = 8$，通过观察图 4.11 的演化情况，可知均衡点为 （0，0）。

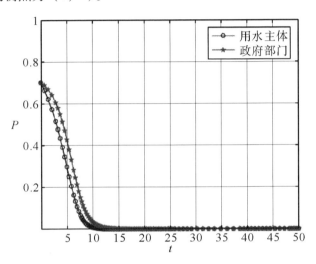

图 4.11 政府部门与用水主体博弈的（0，0）点演化仿真

当政府部门选择"不严格管控"策略时，如果用水主体在配合政府宽松管控政策下获得的收益与政府部门因用水主体不规范用水行为对其的处罚之和小于用水主体不配合政府政策获得的收益，用水主体就倾向于选择"不配合"政府部门的策略。而当用水主体选择"不配合"政府部门的策略时，如果政府部门在"不严格管控"策略即宽松管控政策下发生的成本与生态环境恢复成本之和小于选择"严格管控"政策发生的成本，政府部门就倾向于选择"不严格管控"的策略。此时，系统的稳定点（即 ESS 点）为（0，0）。

在这种情况下，用水主体会拒绝配合政府部门的政策，并尽最大可能利用水资源或排污行为以追求自身经济利益最大化。由于此时用水主体根据政府部门的指令要求进行水资源利用的收益较小，用水主体在自己超额用水或超标排污的情况下的收益巨大，因此用水主体会从自身利益角度出发进行超额用水或者超标排污。同时，用水主体因未配合政府部门指令而遭受的处罚成本较低也是导致用水主体不配合政府部门政策的原因。在利益驱动下，用水主体会因为受罚金额较少，在权衡收益情况后采取超额用水或超标排污的决策，从而影响地区的水资源环境状况。

　　而当政府部门选择"严格管控"策略发生的成本大于选择"不严格管控"策略发生的成本时，政府部门则会更加倾向于选择"不严格管控"策略。同时，当政府部门不选择"严格管控"策略，而选择宽松的管控政策时，由于需要承担的生态环境恢复成本较小，政府部门不会因承担生态环境恢复成本而损失过多，此时政府部门会选择"不严格管控"的策略。在这种情况下，社会福利最差，政府部门不会选择"严格管控"，用水主体也不会配合政府部门的政策指令，体现在日常生产生活用水中政府部门指挥不力，用水主体不遵循要求进行超额用水或超标排污，造成生态环境严重破坏，严重影响社会福利。

　　②当 $b + E + D - f < 0$，$-(a_2 + E - a_1) < 0$ 时，对该情况下的具体参数赋值，令 $b = 4$，$E = 8$，$D = 18$，$f = 32$，$a_2 = 4$，$a_1 = 7.8$，通过观察图 4.12 的演化情况，可知均衡点为（0，1）。

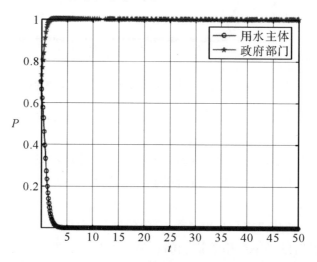

图 4.12　政府部门与用水主体博弈的（0，1）点演化仿真

　　当政府部门选择"严格管控"策略时，用水主体按照政府部门用水管控要求进行水资源利用获得的收益、政府部门对用水主体不服从指令的处罚、生态环境恢复成本之和小于用水主体不配合政府部门进行用水获取的收益时，用水主体倾向于选择"不配合"政府部门的策略。而当用水主体

选择"不配合"政府部门策略时，政府部门在选择"不严格管控"政策的成本与生态环境恢复成本之和如果大于选择"严格管控"政策的成本，政府部门就倾向于选择"严格管控"策略。此时，系统的稳定点（即 ESS 点）为（0，1）。

在这种情况下，政府部门在选择"严格管控"策略时的成本并不是很大，而政府部门执行宽松管控政策需支付的成本与生态环境恢复成本之和较大，因此政府部门会倾向于选择"严格管控"策略。但是由于用水主体不服从政府部门的安排而进行违规用水行为带来的收益要大于服从政府部门安排进行用水产生的收益，用水主体倾向于选择"不配合"政府的策略。同时，不服从安排受到的处罚较小也是用水主体不配合政府部门政策的原因之一。在这种情况下，社会福利较差。由于用水主体不服从政策的领导，只考虑以自身利益最大化为前提进行用水及排污，造成水资源系统压力过大，最终破坏水生态环境。违规用水行为成本较低和获益过高是导致用水主体"不配合"政府部门政策的主要驱动因素。

③当 $-(h+D-f)<0$，$A+a_2-H-a_1<0$ 时，对该情况下的具体参数赋值，令 $h=14.3$，$D=18$，$f=32$，$A=4$，$a_2=4$，$H=3.8$，$a_1=11$，通过观察图 4.13 的演化情况，可知均衡点为（1，0）。

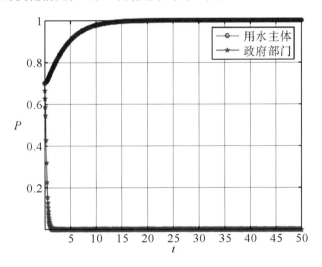

图 4.13　政府部门与用水主体博弈的（1，0）点演化仿真

当政府部门选择"不严格管控"策略时，用水主体配合政府指令进行用水获得的收益与用水主体不服从指令而受到政府部门的处罚之和如果大于用水主体不配合政府部门进行用水获得的收益，用水主体就倾向于选择"配合"政府部门的策略。而当用水主体选择"配合"政府部门策略时，政府部门采取"严格管控"策略获得的环境效益与实施该项政策发生的成本之差如果小于政府部门采取"不严格管控"策略获得的环境效益与实施该项政策发生的成本之差，政府部门就倾向于选择"不严格管控"的策略。此时，系统的稳定点（即 ESS 点）为（1，0）。

在这种情况下，用水主体在不配合政府部门的政策后会受到惩罚，并且在用水主体违规用水获得的收益也有限的情况下，用水主体更倾向于选择"配合"政府部门的策略。在用水主体选择"配合"政府部门的策略后，政府部门通过比较分别实施"严格管控"与"不严格管控"两种策略产生的最终损益，并得到选择"不严格管控"策略所带来的经济效益较大的结论。因此，政府部门会采取"不严格管控"的策略。在这种情况下，社会福利较好。在用水主体配合的基础上，政府部门采取了较为宽松的管控政策对区域内的用水行为进行约束。在用水主体积极响应的前提下，水环境保护取得一定的成效。虽然宽松的管控政策在短期内给双方带来了经济效益，但从长远来看，如何实现水资源的可持续利用是衡量区域高质量发展的重要环节。

④当 $-(b + E + D - f) < 0$，$-(A + a_2 - H - a_1) < 0$ 时，对该情况下的具体参数赋值，令 $b = 5.8$，$E = 2.3$，$D = 7$，$f = 14.2$，$A = 7.5$，$a_2 = 5$，$H = 4.3$，$a_1 = 7.4$，通过观察图 4.14 的演化情况，可知均衡点为（1，1）。

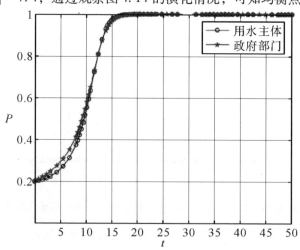

图 4.14　政府部门与用水主体博弈的（1，1）点演化仿真

当政府部门选择"严格管控"策略时，用水主体按照政府部门的用水管控要求进行水资源的利用。用水主体在配合政府"严格管控"政策下获得的收益与政府部门因用水主体不规范用水行为对其的处罚以及生态环境恢复成本之和大于用水主体不配合政府政策获得的收益时，用水主体倾向于选择"配合"政府部门的策略。而当用水主体选择"配合"政府部门策略，政府部门采取"严格管控"策略获得的环境效益与实施该项政策发生的成本之差大于政府部门采取"不严格管控"策略获得的环境效益与实施该项政策发生的成本之差时，政府部门倾向于选择"严格管控"的策略。此时，系统的稳定点（即 ESS 点）为（1, 1）。

在这种情况下，政府部门如果采取"不严格管控"策略，仅以实施宽松的水资源管控策略所获得的综合效益并没有在选择"严格管控"策略时取得的综合效益大。在可持续发展的背景下，政府部门理所当然会选择实施"严格管控"策略。在政府选择实施"严格管控"策略时，用水主体若选择配合政府部门的水资源管理政策就可以获得一定的经济收益，加上用水主体违规用水获得的收益有限、政府部门对于用水主体违规用水行为的惩罚力度较大，均使得用水主体配合政府部门的政策进行规范用水。在这种情况下，社会福利最大。由于政府部门在综合考虑社会经济可持续发展的前提下采取了严格的水资源管理策略，合理地规划了用水及纳污红线，推动经济社会发展与水资源水环境承载能力相适应。

通过对政府部门和用水主体的演化博弈分析可以看出，该系统并非总是往社会福利最大化的方向演变，即政府部门选择实施严格管控策略的同时，用水主体选择配合政府部门的水资源管理政策的方向演变。各个参数对两个博弈主体的策略选择均会产生一定的作用，当设置为某个特定的情境时，才会得到最优策略。

当两个博弈主体均以满足自身利益最大化为出发点时，双方必须考虑到长远的利益关系，通过加强沟通合作实现社会利益的最优。政府部门作为水资源资产化管理的职能部门，对水资源的开发利用产生重要的影响。只有政府部门统筹设计合理高效的水资源管理制度，用水部门根据政府部门的规划对水资源进行利用，降低对生态环境的损害，才能有助于实现多元水循环系统的和谐稳定发展。

第四节 水资源资产及负债的确认条件

一、水资源资产的确认

自然—社会—贸易的多元动态水循环系统论以及资源环境价值论为水资源资产的形成提供了现实依据[289]。随着人类对水资源的开发投入大量的劳动和资金，水资源被赋予了劳动价值，并且在开发利用过程中实现水资源自身的使用价值和环境价值。相较于水资源而言，水资源资产是在水资源资产产权制度下被特定的主体拥有、控制并进行交换的水资源。

对于水资源资产的确认，可参考会计学对资产的确认条件，即符合资产定义且同时满足两个条件：与该资源有关的经济利益很可能流入企业；该资源的成本或者价值能够可靠地计量。因此，对于水资源资产的确认应满足条件如下：从自然水循环进入社会水循环后在政府部门合理调配下被人们所利用并为用水主体带来经济效益、环境效益、社会效益的水资源应确认为水资源资产。在多元水循环下，人们所使用的水资源既包括了对当地水资源（如地表水、地下水）的利用，也包括对跨流域调水水资源的利用以及以贸易的形式对区域外水资源的消耗。对于完全脱离生产过程的废水，一般会回归自然水循环过程或由政府强制处理后回归自然水体，由于在当前循环阶段不会再被生产生活所利用因而不再具备使用价值，不应对其进行水资源资产的确认。

二、水资源负债的确认

在产权理论下，水资源的使用权和处置权的设立使得水资源利用以及水污染的排放产生的外部不经济是可追溯的，为水资源负债的确认奠定了理论基础[290]。在水资源产权体系健全的情况下，政府对生态环境、经济社会用水量和用水范围进行合理分配，各经济主体的水资源权益得到明确划分。水资源负债的确认前提是水资源要素进入经济体系内，因而水资源负债是伴随着人类开发利用行为而产生的，即"人为负债"。对于水资源负债的确认，可参考会计学对负债的确认条件，即符合负债定义且同时满足两个条件：与该义务有关的经济利益很可能流出企业；未来流出的经济利益的金额能够可靠地计量。从会计权责发生制的角度来看，真实存在的负债是在取水环节的使用与排水环节排放影响水资源环境承载力而形成的经济与环境之间的债权债务关系。

从水量角度来看，结合经济主体对水资源的实际利用状况，当经济主体使用水资源没有超过政府部门规定的用水权益限额时，经济活动不会对环境产生负面作用，此时不存在水资源负债。如果经济主体超额利用水资源，超出了政府规定的用水限额，那么超额用水量不利于自然与社会的水循环过程，如引起河口萎缩、地下水位下降、咸淡水界面下移等，严重破坏环境的可再生能力，应确认为水资源负债。从水质角度来看，参考污染物吸纳理论，若所排放污废水超过水体的承载能力，将直接威胁到排入水体的水资源功能的可持续性，无法继续满足水资源功能要求[291-292]。水资源利用过程中对环境产生损害而形成的水资源负债主要来自生活、农业和工业污废水的排放[293]。在这种情况下，可以将功能区现状水质是否满足目标水质要求，是否能满足当前生产、生活需求作为水资源负债的确认依据，也可将生产生活排放的污染物超过水体承载能力或分配的排污量限额作为判定水资源负债的标准[294]。

第五节 本章小结

本章基于水循环系统论，通过解析多元水循环下水资源资产系统的构成以及水资源资产系统演变规律，反映水资源资产的形成过程；并分析人类开发利用水资源过程中的外部不经济问题，反映导致水资源负债形成的客观因素。在此基础上，将我国水资源资产产权制度的演变过程分为三个阶段，分别为计划经济体制时期水资源国家所有权阶段、经济体制转轨过渡时期水资源资产所有权和使用权分离阶段、社会主义市场经济体制时期水资源产权可交易阶段。通过对水资源资产的所有权、管理权以及使用权等权属的界定，利用演化博弈模型分析政府在公共受托责任下应对政府部门和用水主体之间的矛盾时所做出的水资源管理策略选择，为水资源资产及负债的确认提供制度依据。在分析水资源资产及负债形成的客观要素及制度背景的基础上，结合会计学中资产与负债的确认分别分析了水资源资产及负债的确认条件。

第五章 基于多元水循环的水资源资产实物量的核算

水资源资产的核算是水资源核算的核心环节。开展水资源资产核算的目的是通过定量的方式展现经济系统和环境系统之间的联系，是政府社会经济责任的体现。本章在从不同角度梳理水资源资产核算的边界界定方法，厘清各种界定方法之间的关系的基础上，提出基于多元水循环的水资源资产实物量核算模型，计算我国省域水资源资产实物量，并从水资源资产的构成与相对值两个方面对各地区的水资源资产进行分析。

第一节 水资源资产核算的边界界定及辨析

一、水资源资产核算的边界界定

从不同核算角度出发，水资源资产的核算边界主要可以分为以下几个方面：

（1）本地区与非本地区水资源资产

结合水资源所处的地理位置，可以将水资源资产分为本地区水资源资产和非本地区水资源资产。本地区水资源资产是指可利用的当地水资源资产，即企业生产和居民日常生活所耗用的水资源、最终消费的水资源以及出口的水资源；非本地区水资源资产是指可利用的本地区外的其他地区水资源，如通过远距离调水方式取得并耗用的水资源、通过贸易手段取得并耗用的非本地区水资源等[295]。

（2）生产角度与消费角度水资源资产

依据利用主体的差异，基于生产角度核算的水资源资产反映了某地区因生产产品和提供劳务而对水资源的利用情况，主要取决于该地区的生产生活用水需求、最终消费量以及出口需求。基于消费角度核算的水资源资产反映了某地区全部企业和居民因使用产品或服务而对水资源的利用情况，该部分水资源既涉及本地区水资源资产，也涉及非本地区水资源资产。

从生产角度对水资源进行核算具有较多优点。一方面，基于生产角度核算的水资源资产通常会对该地区的水资源产生重要影响，需被重点关注。另一方面，绝大部分的水资源资产均存在于本地区范围之内，地区政府可以对这部分水资源展开重点管理。尽管如此，从生产角度核算水资源资产也存在明显的缺陷。考虑到社会经济是一个开放的系统，无时无刻不和其他系统进行物质与能量的交换，并形成较大规模的水资源转移，基于生产角度核算的水资源资产难以完整体现出不同地区之间水资源的转移结果。现有的研究大多从消费角度分析水足迹的转移，采用消费法核算水资源资产的缺点在于忽略了出口产品中嵌入的水资源，核算过程相对复杂，可作为水资源资产核算方法研究的重要方向。

（3）实体水与虚拟水资源资产

结合水资源资产形态的差异，可将其分为实体水形态下的水资源资产和虚拟水形态下的水资源资产。实体水资源资产涉及地表水、地下水、跨区域调水以及回用水等。虚拟水资源资产主要体现为嵌入在产品和服务中的虚拟水资源量[296-297]。在水资源时空分布不均的情况下，虚拟水资源在时间与空间上的流动有利于缓解水资源危机，为解决区域水资源供需问题提供了崭新的研究方向[298-299]。

二、各种界定方法之间的关系

上述三种界定方法在目前已有的水资源资产核算标准中出现的频率均较高。第一种和第三种方法所划分的水资源资产各要素并列，由于这两种方法的核算范畴存在差异，这两种方法下的水资源资产总量也不相同。在第二种方法下，基于生产角度和基于消费角度核算的水资源资产并不是并列关系，核算范畴存在一定程度的交叉。

第二节　水循环模式下水资源资产实物量核算模型

Hoekstra 提出了水足迹的概念，并用来核算社会经济消费中的耗水量，即产品和服务中隐含的水[300]。具体而言，水足迹的核算既可以面向多种对象，也可以面向单一对象，如核算农产品的水足迹[301-302]。结合水资源的使用性质，可分为直接水足迹和间接水足迹。利用水足迹理念可以有效解决产品的中间用水量无法估算的困难，真实描绘出在社会经济系统运转过程中由于消费中间产品所形成的水资源流动现象。将水足迹分析方法应用到水资源资产的核算中，有效解决了在水资源实物量核算中难以科学计量水资源系统中产品的"嵌入水"的问题[303-307]。

不同于现有学者将核算水资源的储藏量等同于水资源资产实物量，本书将生产生活直接利用的实体水资源与由于两类贸易净流入的虚拟水资源作为水资源资产核算内容。在多元水循环下，水资源资产的流动情况见图5.1。

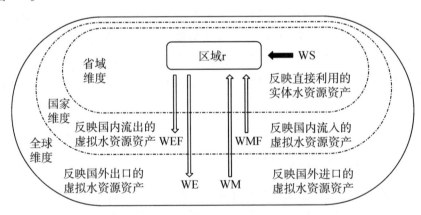

图 5.1　水循环视角下的水资源资产流动

一、实体水资源资产的核算模型

对于实体水资源资产 WS，可以根据水资源的不同用途进行核算，公式如下：

$$WS = WS_{agr} + WS_{ind} + WS_{dom} + WS_{eco} \tag{5.1}$$

其中，WS_{agr}、WS_{ind}、WS_{dom}、WS_{eco} 分别为农业、工业、生活及生态用水资源资产。

此外，也可以根据实际用水的来源进行核算，公式如下：

$$WS = WS_{sur} + WS_{gro} + WS_{oth} \tag{5.2}$$

其中，WS_{sur}、WS_{gro}、WS_{oth} 分别为地表、地下及其他来源（包括跨区域调水、回用水等）水资源资产。

二、虚拟水资源资产的核算模型

对于通过贸易方式由外部净流入的虚拟水资源资产的核算，结合投入产出分析方法，构建环境投入产出模型[308-311]。

假定将我国分为 R 个区域，其中区域 r（$r = 1$，$\cdots$，R）存在 n 个部门。在区域 r 内，部门 i 的产品产出存在如下关系：

$$x_i^r = \sum_{j=1}^{n} a_{ij} x_j^r + y_i^r + e_i^r + ef_i^r - m_i^r - mf_i^r \tag{5.3}$$

其中，i，$j = 1$，$\cdots$，n，x_i^r 表示区域 r 中部门 i 的总产出，a_{ij} 为部门 j 对部门 i 产品的直接消耗系数，y_i^r 表示最终消费及资本形成总额，e_i^r 和 m_i^r 为出口和进口，ef_i^r 和 mf_i^r 为部门 i 对其他区域的产品流出及流入。

类似地，对于各区域的各行业部门，有

$$X = AX + Y + E + EF - M - MF \tag{5.4}$$

其中，X 表示各区域的总产出矩阵，A 表示直接消耗系数矩阵，Y 表示最终消费及资本形成总额矩阵，E、M 表示出口和进口矩阵，EF、MF 表示国内流出及国内流入矩阵。

那么公式（5.4）可改写为

$$X = (I - A)^{-1}(Y + E + EF - M - MF) \tag{5.5}$$

其中，$L = (I - A)^{-1}$ 为里昂惕夫逆矩阵。

假设 $D = \{d_i^r\}$，D 为直接用水系数的行向量，d_i^r 为部门 i 生产单位产品对水资源的直接消耗，计算公式为

$$d_i^r = \frac{w_i^r}{x_i^r} \tag{5.6}$$

其中，w_i^r 是区域 r 中部门 i 生产过程中对水资源的直接消耗量，x_i^r 为区域 r 部门 i 的总产出。

则各区域需要提供的水资源总量 W 为

$$W = D \cdot X = D \cdot L \cdot (Y + E + EF - M - MF) \qquad (5.7)$$

其中，$D \cdot L$ 为完全用水系数。

由公式（5.7）可得，出口虚拟水资源量 WE 和国内流出虚拟水资源量 WEF 的计算公式如下：

$$WE = D \cdot L \cdot E \qquad (5.8)$$

$$WEF = D \cdot L \cdot EF \qquad (5.9)$$

由于无法取得各进口国和区域的完全用水系数，在此可以选取本区域完全用水系数作为替代[312]。各区域的进口虚拟水资源量 WM 和国内流入虚拟水资源量 WMF 的计算公式如下：

$$WM = D \cdot L \cdot M \qquad (5.10)$$

$$WMF = D \cdot L \cdot MF \qquad (5.11)$$

根据公式（5.8）～（5.11），虚拟水资源的净进口量 B、净国内流入量 BF 以及净流入量 WN 分别为

$$B = D \cdot L \cdot (M - E) \qquad (5.12)$$

$$BF = D \cdot L \cdot (MF - EF) \qquad (5.13)$$

$$WN = B + BF \qquad (5.14)$$

三、水循环模式下水资源资产的核算模型

水循环模式下水资源资产的计算公式为

$$WA = WS + WN = WS + (WM + WMF - WE - WEF) \qquad (5.15)$$

第三节　数据来源与预处理

基于多元水循环视角测度分析中国水资源资产实物量状况，以最严格水资源管理制度为时间点，采用当前投入产出体系最新公布的两次数据为核算基础，即 2012 年和 2017 年中国地区投入产出数据。因此，水资源资产实物量核算的时间节点分别为 2012 年以及 2017 年。

（1）各省市直接用水量数据

各省市 2012 年和 2017 年农业、工业、生活及生态用水量主要来源于 2013 年和 2018 年《中国统计年鉴》。

各省市 2012 年和 2017 年工业各部门用水量，可根据以下公式进行

计算：

$$W_j = \mathrm{WS_{ind}} \times \frac{V_j}{\sum\limits_{j=1}^{k} V_j} \qquad (5.16)$$

其中，W_j 表示工业第 j 部门的用水量，$\mathrm{WS_{ind}}$ 为工业用水总量，V_j 表示工业部门中第 j 部门对水的生产与供应业的中间消耗量，$\sum\limits_{j=1}^{k} V_j$ 指水的生产与供应业对所有工业部门的中间投入之和。

各省市 2012 年和 2017 年第三产业各部门用水量主要来源于水资源公报。对于缺失的数据，采用城镇公共用水量作为替代。根据我国用水范围的定义，生活用水量包含城镇居民生活用水量、农村居民生活用水量以及城镇公共用水。因此，可根据各省市生活用水总量、城镇人口及农村人口（数据来源为各省市统计年鉴）、城镇居民人均生活用水量和居民农村人均生活用水量（数据来源为各省市水资源公报），计算第三产业用水总量。计算公式如下：

$$\mathrm{WS_{ter}} = \mathrm{WS_{dom}} - S_u \times P_u \times 365 - S_r \times P_r \times 365 \qquad (5.17)$$

其中，$\mathrm{WS_{ter}}$ 为第三产业用水总量，$\mathrm{WS_{dom}}$ 为生活用水总量，S_u 和 S_r 为城镇居民和农村居民人均生活用水量，P_u 和 P_r 为城镇人口和农村人口。

（2）各省市投入产出数据

由于 2012 年和 2017 年中国地区投入产出表中 42 个部门的设置存在些许差异，两个年份 42 个部门具体设置详见附表[313]。考虑到突出反映各省市虚拟水资源贸易的产业特征及虚拟水流动格局，将两个年份部门分类统一口径合并成为 30 个部门，见表 5.1。

表 5.1　行业部门分类（30 个部门）

部门序号	部门名称	所属行业
01	农林牧渔产品和服务	农业
02	煤炭采选产品	采掘业
03	石油和天然气开采产品	采掘业
04	金属矿采选产品	采掘业
05	非金属矿和其他矿采选产品	采掘业
06	食品和烟草	制造业

表5.1(续)

部门序号	部门名称	所属行业
07	纺织品	制造业
08	纺织服务鞋帽皮革羽绒及其制品	制造业
09	木材加工品和家具	制造业
10	造纸印刷和文教体育用品	制造业
11	石油、炼焦产品和核燃料加工品	制造业
12	化学产品	制造业
13	非金属矿物制品	制造业
14	金属冶炼和压延加工品	制造业
15	金属制品	制造业
16	通用设备和专用设备	制造业
17	交通运输设备	制造业
18	电气机械和器材	制造业
19	通信设备、计算机和其他电子设备	制造业
20	仪器仪表	制造业
21	其他制造产品和废品废料	制造业
22	电力、热力的生产和供应	电力、煤气及水生产和供应业
23	燃气、水生产和供应	电力、煤气及水生产和供应业
24	建筑	建筑业
25	批发和零售	服务业
26	交通运输、仓储和邮政	服务业
27	住宿和餐饮	服务业
28	租赁和商务服务	服务业
29	科学研究和技术服务	服务业
30	其他服务业	服务业

参考常用的区域划分方式,将全国31个省份(未含港澳台地区)划分为八大区域,以分析各区域虚拟水资源资产特征,见表5.2。

表 5.2　我国八大区域划分

八大区域	省份
东北区域	黑龙江、吉林、辽宁
京津区域	北京、天津
北部沿海区域	河北、山东
东部沿海区域	江苏、上海、浙江
南部沿海区域	福建、广东、海南
中部区域	山西、河南、安徽、湖北、湖南、江西
西北区域	内蒙古、陕西、宁夏、甘肃、青海、新疆
西南区域	四川、重庆、广西、云南、贵州、西藏

第四节　水资源资产实物量核算结果

一、实体水资源资产计算结果

通过绘制桑基图反映 2012 年和 2017 年实体水资源资产计算结果（图 5.2、图 5.3）。柱体间的连边宽度反映水资源资产的供应情况。左侧柱体显示的是各省市地表水、地下水和其他水资源资产的数量，右侧柱体显示的是各省市用于农业、工业、生活以及生态的水资源资产数量。

（1）供给情况

2012 年全国水资源资产为 6 131.2 亿 m^3，2017 年较 2012 年降低 1.43%，为 6 043.4 亿 m^3。2012 年地表水资源资产为 4 952.8 亿 m^3，占全国水资源资产的 80.78%，地下水资源资产为 1 133.8 亿 m^3，其他水资源资产为 44.6 亿 m^3，分别占供水总量的 18.49%、0.73%；至 2017 年，地表水资源资产降至 4 945.5 亿 m^3，地下水资源资产降至 1 016.7 亿 m^3，其他水资源资产为 81.2 亿 m^3。

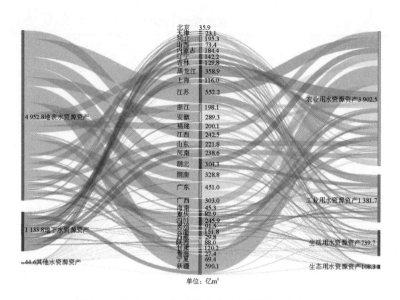

北京 35.9
天津 23.1
河北 195.3
山西 73.4
内蒙古 184.4
辽宁 142.2
吉林 129.8
黑龙江 358.9
上海 116.0
江苏 552.2
浙江 198.1
安徽 289.3
福建 200.1
江西 242.5
山东 221.8
河南 238.6
湖北 304.3
湖南 328.8
广东 451.0
广西 303.0
海南 45.3
重庆 82.9
四川 245.9
贵州 91.5
云南 151.8
西藏 29.8
陕西 88.0
甘肃 120.2
青海 27.4
宁夏 69.4
新疆 590.1

4 952.8地表水资源资产

1 133.8地下水资源资产

44.6其他水资源资产

农业用水资源资产3 902.5

工业用水资源资产1 381.7

生活用水资源资产739.7

生态用水资源资产108.3

单位：亿m³

图5.2　2012年省域层面实体水资源资产供应情况

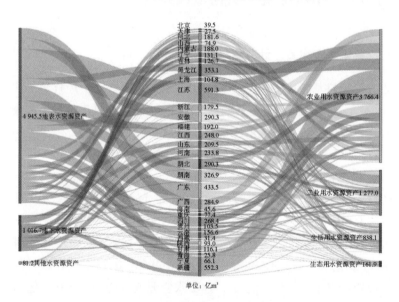

北京 39.5
天津 27.5
河北 181.6
山西 74.9
内蒙古 188.0
辽宁 131.1
吉林 126.7
黑龙江 353.1
上海 104.8
江苏 591.3
浙江 179.5
安徽 290.3
福建 192.0
江西 248.0
山东 209.5
河南 233.8
湖北 290.3
湖南 326.9
广东 433.5
广西 284.9
海南 45.6
重庆 77.4
四川 268.4
贵州 103.5
云南 156.6
西藏 31.4
陕西 93.0
甘肃 116.1
青海 25.8
宁夏 66.1
新疆 552.3

4 945.5地表水资源资产

1 016.7地下水资源资产

81.2其他水资源资产

农业用水资源资产3 766.4

工业用水资源资产1 277.0

生活用水资源资产838.1

生态用水资源资产161.9

单位：亿m³

图5.3　2017年省域层面实体水资源资产供应情况

　　从各省来看，2012年地表水资源资产排名前三的省份为江苏、新疆和广东，分别为542.4亿 m³、477.9亿 m³和432.4亿 m³；至2017年，地表水资源资产排名前三的省份为江苏、新疆和广东，分别为575.3亿 m³、440.9亿 m³和417.3亿 m³。2012年地下水资源资产排名前三的省份为黑龙江、河北和河南，分别 161.5 亿 m^3、151.3 亿 m^3 和 137.2 亿 m^3；至 2017 年，地下水资源资产排名前三的省份为黑龙江、河北和河南，分别为 163.1 亿 m^3、116.0 亿 m^3 和 115.5 亿 m^3。

（2）使用情况

2012 年农业用水资源资产为 3 902.5 亿 m^3，占全国水资源资产的 63.64%，工业用水资源资产为 1 381.7 亿 m^3，生活用水资源资产为 739.7 亿 m^3，生态用水资源资产为 108.3 亿 m^3，分别占用水总量的 22.53%、12.06%、1.77%；至 2017 年，农业用水资源资产降至 3 766.4 亿 m^3，工业用水资源资产降至 1 277.0 亿 m^3，生活用水资源资产为 838.1 亿 m^3，生态用水资源资产为 161.9 亿 m^3，分别占用水总量的 62.32%、21.13%、13.87%、2.68%。

从各省市来看，2012 年农业用水资源资产排名前三的省份为新疆、江苏和黑龙江，分别为 561.7 亿 m^3、305.4 亿 m^3 和 294.9 亿 m^3；至 2017 年，排名前三的省份为新疆、黑龙江和江苏，分别为 514.4 亿 m^3、316.4 亿 m^3 和 280.6 亿 m^3。这三个省份作为我国重要的粮食生产基地，农业用水总量之和占全国农业用水总量的 25% 左右。

2012 年工业用水资源资产排名前三的省份为江苏、广东和湖北，分别为 193.1 亿 m^3、121.6 亿 m^3 和 101.4 亿 m^3，占全国工业用水资源资产的 30.14%。至 2017 年，江苏工业用水资源资产增加 29.52%，广东和湖北分别降低 12.01% 和 9.07%。

2012 年生活用水资源资产排名前三的省份为广东、江苏和湖南，分别为 95.4 亿 m^3、50.5 亿 m^3 和 43.3 亿 m^3，至 2017 年这三个省份的生活用水资源资产量增加 5.77%、15.84% 和 22.86%。

二、虚拟水资源资产计算结果

表 5.3 反映了 2012 年和 2017 年虚拟水资源资产的计算结果。

表 5.3　我国分地区（未含港澳台地区）贸易净流入虚拟水资源情况

单位：亿 m^3

地区	净进口量 B-2012	净国内流入量 BF-2012	净流入量 WN-2012	地区	净进口量 B-2017	净国内流入量 BF-2017	净流入量 WN-2017
北京	44.74	-18.14	26.59	北京	29.31	3.38	32.69

表5.3(续)

地区	净进口量 B-2012	净国内流入量 BF-2012	净流入量 WN-2012	地区	净进口量 B-2017	净国内流入量 BF-2017	净流入量 WN-2017
天津	5.78	14.59	20.37	天津	5.24	23.04	28.28
河北	-2.16	-49.74	-51.91	河北	0.15	17.56	17.71
山西	1.37	44.47	45.84	山西	-0.45	47.91	47.46
内蒙古	0.00	-9.06	-9.06	内蒙古	3.79	-49.76	-45.98
辽宁	-0.97	-9.14	-10.11	辽宁	4.60	-12.05	-7.45
吉林	3.43	0.87	4.30	吉林	10.18	-13.65	-3.48
黑龙江	7.86	-155.19	-147.33	黑龙江	6.94	-197.19	-190.25
上海	43.87	54.80	98.68	上海	100.31	-15.14	85.17
江苏	-21.46	-103.01	-124.47	江苏	-35.21	70.51	35.30
浙江	-25.81	23.85	-1.96	浙江	-24.16	59.78	35.62
安徽	-7.87	-49.01	-56.88	安徽	-1.70	-12.26	-13.96
福建	7.62	-20.02	-12.40	福建	72.22	0.69	72.90
江西	-9.08	-22.19	-31.27	江西	-13.04	-0.65	-13.69
山东	4.95	11.02	15.97	山东	-9.18	1.50	-7.68
河南	-0.88	-33.40	-34.28	河南	-19.82	556.64	536.82
湖北	44.62	0.00	44.62	湖北	-12.60	8.71	-3.89
湖南	-1.48	-59.43	-60.91	湖南	-6.57	42.60	36.03
广东	15.16	55.09	70.25	广东	-5.49	110.61	105.12
广西	11.20	-69.25	-58.04	广西	-0.27	-39.65	-39.92
海南	2.02	-4.67	-2.65	海南	1.30	-10.01	-8.71
重庆	0.17	40.26	40.43	重庆	-2.54	57.17	54.63
四川	-7.41	-0.52	-7.93	四川	-3.61	-16.44	-20.04
贵州	-11.77	66.30	54.53	贵州	-1.30	20.43	19.13
云南	4.43	36.23	40.66	云南	-4.28	24.35	20.08
西藏	-8.88	46.48	37.61	西藏	-0.89	20.11	19.22
陕西	-9.17	14.66	5.49	陕西	-1.53	-11.61	-13.14

表5.3(续)

地区	净进口量 B-2012	净国内流入量 BF-2012	净流入量 WN-2012	地区	净进口量 B-2017	净国内流入量 BF-2017	净流入量 WN-2017
甘肃	-0.93	-17.00	-17.93	甘肃	-0.70	-22.24	-22.94
青海	-3.37	0.00	-3.37	青海	-0.29	3.36	3.07
宁夏	-4.72	8.71	3.98	宁夏	-5.39	24.76	19.37
新疆	-77.85	-81.80	-159.64	新疆	-4.84	-16.20	-21.04

根据表5.3可知，各省在区域间贸易和对外贸易下虚拟水资源资产的最终流动方向并不一致。为更加直观地反映不同省市的情况，以净进口量B和净国内流入量BF的符号为依据，将31个省份（未含港澳台地区）划分成四类地区：（1）Ⅰ类地区B与BF均为正数。在两类贸易中均表现为虚拟水资源资产净流入状态，贸易使得虚拟水资源资产增加。（2）Ⅱ类地区B为正数，BF为负数。在对外贸易中表现为虚拟水资源资产净流入状态，而在区域间贸易中表现为虚拟水资源资产净流出状态。关于两类贸易最终导致该地区的虚拟水资源资产增加还是减少，取决于净进口量与净国内流出量的规模。（3）Ⅲ类地区B和BF均为负数。在两类贸易中均表现为虚拟水资源资产净流出状态，贸易使得虚拟水资源资产减少。（4）Ⅳ类地区B为负数，BF为正数。在对外贸易中表现为虚拟水资源资产净流出状态，而在区域间贸易中表现为虚拟水资源资产净流入状态。关于两类贸易最终导致该地区的虚拟水资源资产增加还是减少，取决于净出口量与净国内流入量的规模。

根据上述划分方式，结合B与BF的符号特征将所有省市分为四类，见图5.4和图5.5。图5.4显示，2012年Ⅰ类地区包括天津、山西、吉林等9个省份，这类地区是贸易引起虚拟水资源资产显著增加的地区。Ⅱ类地区包括北京、福建、黑龙江等，这类地区处于对外贸易逆差状态，但可以利用区域间贸易将虚拟水资源资产转移至其他地区。其中，相比于区域间贸易流出虚拟水资源的省份，北京在对外贸易中从其他国家流入更大规模的虚拟水资源资产，故整体而言贸易有利于增加该地区的虚拟水资源资产。福建和黑龙江等省份在区域间贸易中虚拟水资源资产净流出规模超过对外贸易中虚拟水资源资产净流入规模，故整体而言贸易减少了该类地区的虚拟水资源资产。Ⅲ类地区以河北、辽宁、江苏等省份为代表，这类地区由于存在对外贸易顺差导致虚拟水资源资产流出，并且通过区域间贸易进一步减少了虚拟水资源资产。Ⅳ类地区包括浙江、青海、贵州等省份，这类地区的特点是在对外贸易中流出虚拟水资源，但其通过区域间的贸易使得其他地区虚拟水资源流入本地区。在Ⅳ类地区中，贵州、西藏等省份在区域间贸易中虚拟水资源资产净流入规模超过了对外贸易中虚拟水资源资产净流出规模，故整体而言贸易增加了该类地区的虚拟水资源资产；而浙江和青海在区域间贸易中虚拟水资源资产净流入规模小于对外贸易中虚拟水资源资产净流出规模，故整体而言贸易减少了该类地区的虚拟水资源资产。

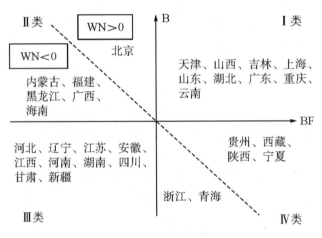

图 5.4　基于虚拟水资源资产流动方向的地区划分（2012 年）

图 5.5 显示，2017 年 Ⅰ类地区包括北京、天津、河北等省份，在这类地区两类贸易均促进了虚拟水资源资产的净流入。Ⅱ类地区包括上海、内蒙古、辽宁等，这类地区的特点是在对外贸易逆差情况下虚拟水资源资产由其他国家流入本地区，但在区域间贸易的作用下虚拟水资源流向其他地区。其中，上海在对外贸易中从其他国家流入更大规模的虚拟水资源资产，故整体而言贸易有利于增加该地区的虚拟水资源资产。内蒙古和辽宁等区域间贸易中虚拟水资源资产净流出规模大于对外贸易中虚拟水资源资产净流入规模，故整体而言贸易减少了该地区的虚拟水资源资产。Ⅲ类地区以安徽、江西、广西等为代表，这类地区由于对外贸易顺差导致虚拟水资源资产的流出，并通过区域间贸易进一步减少了虚拟水资源资产。Ⅳ类地区包括山东、湖北、山西等省份，这类地区在对外贸易中流出虚拟水

资源，但其通过区域间的贸易使得其他地区虚拟水资源流入本地区。在Ⅳ类地区中，山西、江苏等省份在区域间贸易中虚拟水资源资产净流入规模大于对外贸易中虚拟水资源资产净流出规模，故整体而言贸易增加了该类地区的虚拟水资源资产；而山东和湖北在区域间贸易中虚拟水资源资产净流入规模小于对外贸易中虚拟水资源资产净流出规模，故整体而言贸易减少了该类地区的虚拟水资源资产。

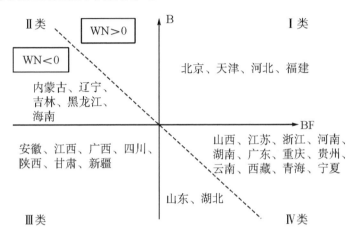

图 5.5　基于虚拟水资源资产流动方向的地区划分（2017 年）

从行业角度进一步分析八大区域在贸易中虚拟水资源资产流动特征。由表 5.4 和表 5.5 可知，2012 年东部沿海、西北和西南区域的虚拟水资源资产处于净出口状态，这些区域的对外贸易程度较高，以沿海港口贸易和边境贸易为主；2017 年，北部沿海、中部、西北和西南区域的虚拟水资源资产处于净出口状态。由于对外贸易逆差的存在，东北、京津和南部沿海区域虚拟水资源资产规模得到提升，其中在 2012 年京津区域的提升效果最显著，在 2017 年南部沿海区域的提升效果最显著。我国对外贸易总体呈现出净进口虚拟水的趋势，净进口虚拟水资源资源规模自 2012 年的 3.42 亿 m³ 逐步增至 2017 年的 80.21 亿 m³。

从分行业来看，除制造业存在虚拟水资源资产净出口外，其他五个行业均处于虚拟水资源资产净进口状态。2012 年和 2017 年农业净进口虚拟水资源资产规模最大，分别达到 211.46 亿 m³ 和 167.74 亿 m³。除中部和西北区域外，其他六个区域在农业方面均存在净进口虚拟水资源资产情况，其中 2012 年净进口规模排名前三的依次为东部沿海（59.76 亿 m³）、北部沿海（58.54 亿 m³）和南部沿海区域（34.48 亿 m³），2017 年净进口规模排名前三的依次为东部沿海（87.74 亿 m³）、南部沿海（45.36 亿 m³）和京津区域（17.16 亿 m³）。

表 5.4 　2012 年八大区域分行业净进口虚拟水资源资产　　单位：亿 m³

区域	农业	采掘业	制造业	电力、煤气及水生产和供应业	建筑业	服务业	合计
东北区域	17.30	3.61	−11.11	0.18	−0.01	0.35	10.32
京津区域	28.79	5.49	17.46	0.00	−0.01	−1.21	50.51
北部沿海区域	58.54	3.86	−63.71	0.00	3.52	0.58	2.79
东部沿海区域	59.76	6.58	−79.01	0.00	−0.40	9.66	−3.40
南部沿海区域	34.48	2.13	−30.05	8.55	11.29	−1.59	24.80
中部区域	−4.56	10.15	−58.80	82.02	−0.06	−2.07	26.69
西北区域	−7.31	3.50	−91.59	0.14	0.56	−1.33	−96.04
西南区域	24.47	5.65	−39.56	0.00	−1.54	−1.29	−12.26
合计	211.46	40.97	−356.36	90.89	13.35	3.11	3.42

表 5.5 　2017 年八大区域分行业净进口虚拟水资源资产

单位：亿 m³

区域	农业	采掘业	制造业	电力、煤气及水生产和供应业	建筑业	服务业	合计
东北区域	9.09	2.36	−0.16	0.14	0.00	10.28	21.71
京津区域	17.16	5.08	11.87	0.00	−0.44	0.89	34.56
北部沿海区域	10.45	4.79	−26.64	0.00	3.83	−1.45	−9.02
东部沿海区域	87.74	4.64	−79.75	0.00	−0.07	28.39	40.95
南部沿海区域	45.36	81.56	−60.87	−0.44	−0.07	2.49	68.03
中部区域	−2.45	13.60	−57.21	0.00	−0.26	−7.85	−54.17
西北区域	−4.74	16.15	−50.14	31.36	−0.38	−1.21	−8.97
西南区域	5.13	4.01	−24.55	−0.06	−0.04	2.62	−12.88
合计	167.74	132.20	−287.45	31.00	2.57	34.15	80.21

三、水资源资产总量计算结果

根据公式（5.15）计算 2012 年和 2017 年水资源资产实物量情况，见图 5.6。

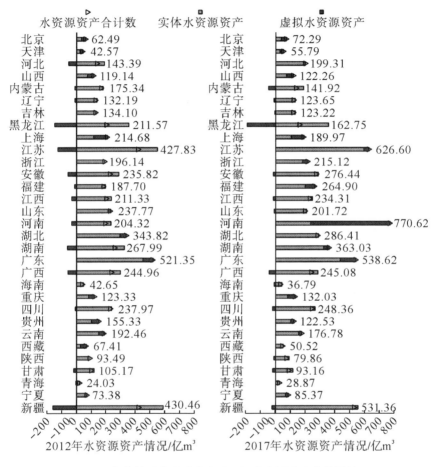

图 5.6 各省份（未含港澳台地区）水资源资产实物量情况

2012 年全国 31 个省份（未含港澳台地区）水资源资产量平均值为 189.04 亿 m^3。其中青海最低（24.03 亿 m^3），天津次之（42.57 亿 m^3），广东、新疆、江苏、湖北 4 个省份的水资源资产量均超过 300 亿 m^3，广东的水资源资产量最高（521.35 亿 m^3），是青海水资源资产量的 20 多倍。虽然广东省的实体水资源资产量不是最高，仅在各省份中排名第三，但由于存在虚拟水资源净流入，其水资源资产量合计数最高；新疆和江苏的实体水资源资产量分别排名第一和第二，由于存在虚拟水资源净流出量，其水资源资产量合计数低于广东。东部地区和中部地区的水资源资产量均值分别为 200. 80 亿 m³ 和 216. 01 亿 m³，西部地区水资源资产量均值最低，为 160. 28 亿 m³。

至 2017 年，31 个省份（未含港澳台地区）水资源资产的平均值较 2012 年增加 30.3 亿 m³。18 个省份的水资源资产较 2012 年有明显增加，其中河南、江苏和新疆的增加量超过 100 亿 m³，其余 13 个省份的水资源资产少于 2012 年水资源资产，内蒙古、黑龙江、山东、湖北和贵州五个省份的水资源资产减少量超过 30 亿 m³。总体而言，2017 年东部地区的水资源资产均值较 2012 年增加 14.31%，仍低于中部地区水资源资产均值，2017 年中部地区和西部地区的水资源资产均值较 2012 年中部地区和西部地区水资源资产均值分别增加 35.35% 和 0.65%。

第五节 水资源资产实物量结果分析

在对水资源资产实物量进行核算的基础上，引入水资源资产贸易依赖（支持）度以及人均水资源资产两个指标，分别从构成比例和相对数量两个方面对水资源资产进行分析。其中，水资源资产贸易依赖（支持）度是指水资源资产中由于两类贸易净流入（净流出）的虚拟水资源占比；人均水资源资产是指单位人口所利用的水资源资产，用各地区水资源资产与地区人口总数的比重表示。

一、水资源资产的构成分析

图 5.7 展示了我国 31 个省份（未含港澳台地区）2012 年和 2017 年水资源资产对贸易的依赖或支持程度。水平线上方的柱体表明该地区对贸易引起的虚拟水资源流动存在依赖作用，即通过贸易方式缓解了本地区的用水矛盾；水平线下方的柱体表明该地区对贸易引起的虚拟水资源流动存在支持作用，即通过贸易方式将本地水资源转移至相对缺水的地区。

由图 5.7 可知，北京、天津、山西、上海、广东、贵州、云南、西藏以及宁夏等省份对虚拟水资源具有一定程度的依赖，其中北京、天津、上海和西藏的贸易依赖度高于 40%。内蒙古、辽宁、黑龙江、安徽、江西、广西、海南、四川、甘肃及新疆等省份对其他省份用水需求存在一定程度的支撑作用，其中黑龙江、广西、甘肃以及新疆的贸易支持度高于20%，尤其是黑龙江，其贸易支持度超过了90%。

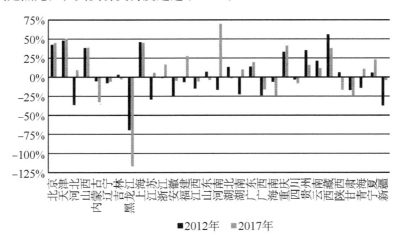

图 5.7　各省份（未含港澳台地区）水资源资产贸易依赖（支持）度情况

二、水资源资产的相对值分析

图 5.8 描绘了 2012 年和 2017 年各省份（未含港澳台地区）人均水资源资产情况。从数量上看，各省份之间的人均水资源资产差异显著。以2017 年为例，新疆的人均水资源资产最高，为 2 142.58m³/人，山东的人均水资源资产最低，仅为 201.06m³/人。从变动情况来看，16 个省份（未含港澳台地区）的人均水资源资产较 2017 年有所增加，占省份总数的51.61%。其中，河南的人均水资源资产增幅最大，从 2012 年的214.36m³/人增长至 2017 年的 784.03m³/人，增长率达到 265.76%。其余15 个省份的人均水资源资产较 2017 年呈下降趋势，占省份总数的48.39%。西藏的人均水资源资产减少幅度最大，从 2012 年的2 139m³/人减少至 2017 年的 1 447.64m³/人，增长率为-32.35%。

从均值来看，东部地区的上海、江苏和福建，中部地区的黑龙江和湖北以及西部地区的内蒙古、广西、西藏、宁夏和新疆等省份的人均水资源资产较高，表明这些省份在生产生活中对水资源这一基本要素的需求程度较高；东部地区的河北、辽宁和山东以及西部地区的四川和陕西人均水资源资产较低，表明这些省份对水资源的需求程度较低。

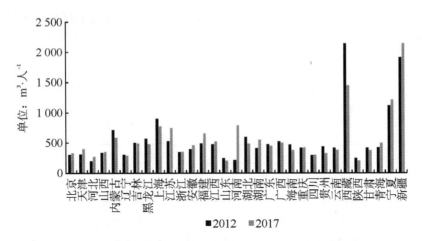

图 5.8　各省份（未含港澳台地区）人均水资源资产情况

第六节　本章小结

基于多元水循环模式框架，本章构建了基于多元水循环的水资源资产实物量核算模型。2012 年全国各省份水资源资产平均值为 189.04 亿 m^3，而 2017 年各省份水资源资产平均值达到 219.34 亿 m^3。从空间来看，中部地区各省份的水资源资产平均水平超过了东部地区水资源资产平均水平，西部地区水资源资产平均水平最低。在此基础上，本章采用了水资源资产贸易依赖（支持）度以及人均水资源资产两个指标，从构成比例和相对数量维度综合分析各省份水资源资产状况。各省份对水资源资产贸易依赖程度或支持程度存在一定的差距，虚拟水资源净流出省份对其他省份用水需求存在一定程度的支撑作用，与此同时虚拟水资源净流入省份通过贸易方式使得该地区水资源资产水平提升。

第六章　基于最严格水资源管理的水资源负债实物量的核算

开展水资源资产核算的目的是反映社会经济活动对水资源产生的影响。本章在从不同角度梳理水资源负债核算的边界界定方法，厘清各种界定方法之间的关系的基础上，建立基于最严格水资源管理的水资源负债实物量核算模型，计算得到各省份的水资源负债情况，并利用水资源负债强度这一指标对各省份的水资源负债进行综合分析。

第一节　水资源负债核算的边界界定及辨析

一、水资源负债核算的边界界定

水资源自身始终处于不断调整及持续变化的状态，因而其自身引起的水资源数量的减少或水质的降低属于"自然负债"，原则上不将其纳入水资源负债核算的范畴。按照不同学者的观点，多数学者认为水资源负债具体涵盖了资源消耗、环境损害及生态破坏三个方面。其中，水生态破坏是指因生产生活对水资源的不当使用而导致的水生态服务功能受损。由于水生态服务价值不存在既定的容量限制，一般采用核算期内水生态服务价值的降低程度反映水生态破坏负债[314]。由于水生态破坏较难实现实物量的核算，本书仅围绕水资源消耗及水环境损害导致的水资源负债的核算边界来展开叙述。水资源负债核算的边界包括：

（1）以直接资源损耗为标准的水资源负债

以资源损耗为标准的水资源负债核算的是从自然界中提取并用于生产生活而导致的水的损耗。但以水资源消耗而非过度消耗作为水资源负债的核算依据，忽略了人和水资源间的共生性，剥夺了人类对水资源的开发利用机会，使得无法辨识水资源过度利用和合理使用之间的区别，水资源无法体现出对人类社会经济系统正常运行的支撑作用[315-316]。

（2）以水污染物排放为标准的水资源负债

以水污染物排放为标准的水资源负债核算的是直接排入水体的各类污染物的数量。常见的污染物指标包括化学需氧量、氨氮、总磷、高锰酸钾盐指数、氰化物、五日生化需氧量、石油类、重金属等。由于这种以直接排放的水污染物而不是超标排放的污染物作为水资源负债的核算依据，忽略水资源在循环过程中能够不断恢复和更新这一特征，造成水污染物排放与水域纳污能力之间的界限出现混淆，同样不能体现水资源对经济发展的支撑作用。

（3）以水环境损失为标准的水资源负债

以水环境损失为标准的水资源负债将负债视作水资源在人类生产生活中被使用而产生的环境负外部性，即水资源环境的污染和破坏。水环境损失的临界值并不是单一的值，而是针对各种污染物设定的一系列值。以各类污染物最大排放量为依据，当存在某一污染物排放规模超出水环境承载力时，则应将其作为水资源负债进行核算。

（4）以管理红线为标准的水资源负债

以管理红线作为水资源负债的核算边界，强调的是将水资源视作可持续发展的核心要素，当水资源的消耗超过了管理红线，就将超出红线的使用量认定为水资源负债。因超额利用水资源而形成的负债，可采用体积对其进行计算，在此基础上结合超额利用量来确认水资源负债量。以管理红线为水资源负债的核算边界，充分考虑了把水资源管理体制和实践机制融入水资源核算之中，可以为政府部门管理者制定水资源利用决策提供参考依据。

二、各种界定方法之间的关系

上述四组边界界定方法主要围绕的是水资源的资源和环境功能进行划分的，第一组和第四组属于并列关系，对应水资源方面的负债；第二组和第三组属于并列关系，对应水环境方面的负债。从边界范围看，第一组界定的边界大于第四组界定的边界，第二组界定的边界大于第三组界定的边界。对于水资源和水环境负债核算边界的分歧在于是否割裂水资源本身的属性，即合理利用与不合理利用导致的资源损耗或环境损失。

不同的边界界定方法虽然存在差异，但也有相通之处。一方面均认可水资源负债是过去发生的，在数量上是可以进行计量的；另一方面是都认可水资源负债是会使经济利益和环境权益受到损害的现时义务。考虑到水资源的可持续发展，目前较多采用第三组和第四组边界界定方式对水资源负债进行边界划分。与此同时，由于从资源角度是以水资源数量计量水资源负债，而从环境角度是以各类污染物数量计量水资源负债，两者之间性质不同，在数量上不能够直接加总作为水资源负债的总量。

第二节　最严格水资源管理下水资源负债实物量核算模型

为核算地区水资源负债的总量，以最严格水资源管理制度为出发点，构建水资源负债实物量核算模型。在政府实施严格的水资源管控政策下，水资源的过度消耗应纳入水资源负债的核算范畴，而污废水的排放超过自然可吸纳的部分也应作为水资源负债的核算范畴。考虑采用灰水足迹理念，将排污量与稀释污染物所需的水资源量建立定量联系，在此前提下得到超额利用和超标排放下的水资源负债实物总量。

一、可供水量的确定

用水总量控制是根据资源环境承载阈值及节水目标，为实现水资源管理而对取水许可及用水规划所进行的水资源配置，即对特定期间内水资源利用总量的管控，以确保社会经济发展与水资源承载能力相适应。根据《实行最严格水资源管理制度考核办法》，2015 年、2020 年及 2030 年全国用水总量控制（WC）分别为 6 350 亿 m^3、6 700 亿 m^3、7 000 亿 m^3[317]。各省市结合考核办法中的控制目标，制定本行政区域内 2012 年、2020 年及 2030 年的用水总量控制目标。

二、取水环节直接用水量的核算模型

根据用途，取水环节直接用水量包括农业、工业、生活用水以及生态环境补水。

$$WS = WS_{agr} + WS_{ind} + WS_{dom} + WS_{eco} \qquad (6.1)$$

其中，WS 为直接用水总量，WS_{agr} 为农业用水量，WS_{ind} 为工业用水量，WS_{dom} 为生活用水量，WS_{eco} 为生态环境补水量。

三、排水环节灰水产生量的核算模型

灰水足迹是指将水污染负荷稀释到可允许的范围内所需的虚拟水数量。因此可采用灰水足迹的理念，将排污量与稀释污染物所需的淡水体积建立定量关系[318]。灰水足迹的计算公式为

$$GW = \frac{L}{c - c_{nat}} \qquad (6.2)$$

其中，GW 表示灰水足迹，L 表示排入水体的污染物量，c 和 c_{nat} 表示受纳水体的容许限值及初始浓度。

考虑到现实情况下污染物最终排入的水体是不一样的，且不同水体的水质保护标准存在差异，因此容许限值 c 实际上属于随机变量。假定 $f(c)$ 是容许限值 c 的概率密度函数，则灰水足迹 GW 的数学期望可以表示为

$$\overline{GW} = \int_{-\infty}^{+\infty} \left[\frac{L}{c - c_{nat}} f(c) \right] dc \qquad (6.3)$$

则因水污染物排放导致水环境受到损害的概率为

$$F = \int_{c \in \theta} f(c) \, dc \, , \, \theta = \left\{ c \, \middle| \, \frac{L}{(c - c_{nat}) \, W} > 1 \right\} \qquad (6.4)$$

当无法用统计学方法推断概率密度函数 $f(c)$ 的具体形式，只能确定污染物容许限值 c 的上限 c_u 和下限 c_l 时，可用极大熵原理求解 $f(c)$，并得到改进的灰水足迹公式[319]如下：

$$\overline{GW} = \frac{L}{c_u - c_l} \ln \frac{c_u - c_{nat}}{c_l - c_{nat}} \qquad (6.5)$$

结合水资源的用途，区域灰水产生量由农业灰水产生量、工业灰水产生量、生活灰水产生量三部分组成。在核算灰水产生量时，尽管不同部门污染物种类和数量存在差异，但均可被水体同时稀释，因此选取具有最大灰水足迹值的指标作为污染指标。

（1）农业灰水产生量

在较长时期内，我国农业生产为粗放式且极度缺乏环保意识，因此农业面源污染日趋严重且污染范围不断扩张。施用农药、化肥后的残留物以

及养殖业污水的不合理排放是导致农业面源污染的主要原因，因此可以从种植业与畜禽养殖业两个方面进行农业灰水足迹的测算。由于农田化肥施用及其对环境的影响机制比较复杂，对于农作物灰水足迹的核算研究尚未成熟。通常认为磷与钾元素较难流动，而氮肥会同时对地表水和地下水产生污染，并且相比于其他化肥而言氮肥施用量最多，是导致水污染产生的重要方面[320]。因此，可以选择化肥施用中的氮元素（N）作为种植业灰水足迹的核算依据。根据畜禽养殖中水污染物的构成情况，选取具有代表性的畜禽（包括牛、羊、猪和家禽）作为研究对象，参考单位粪便中的污染物浓度及数量，选择化学需氧量（COD）和氨氮（NH_3-N）作为畜禽养殖业灰水足迹的核算依据。

农业灰水量的测算公式如下：

$$GW_{agr} = \max[\,GW_{pla(N)} + GW_{bre(NH_3-N)}\,,\ GW_{bre(COD)}\,] \qquad (6.6)$$

$$GW_{pla(N)} = \frac{\alpha \times Appl}{c_{u(N)} - c_{l(N)}} \ln \frac{c_{u(N)} - c_{nat(N)}}{c_{l(N)} - c_{nat(N)}} \qquad (6.7)$$

$$GW_{bre(i)} = \frac{L_{bre(i)}}{c_{u(i)} - c_{l(i)}} \ln \frac{c_{u(i)} - c_{nat(i)}}{c_{l(i)} - c_{nat(i)}} \qquad (6.8)$$

$$L_{bre(i)} = \sum_{h=1}^{4} N_h \times D_h (e_h \times c_{he} \times \beta_{hf} + p_h \times c_{hp} \times \beta_{hp}) \qquad (6.9)$$

其中，GW_{agr} 为农业灰水量，$GW_{pla(N)}$ 为种植业 N 灰水足迹；$GW_{bre(NH_3-N)}$ 和 $GW_{bre(COD)}$ 分别为畜禽养殖业 NH_3-N 灰水足迹和 COD 灰水足迹。α 为氮肥淋失率；$Appl$ 为氮肥折纯施用量；c_u 和 c_l 为排入水体对污染物的容许上限和下限，c_{nat} 为排入水体中污染物的原始浓度。$GW_{bre(i)}$ 为畜禽养殖业污染因子 i 的灰水足迹，i 包括 NH_3-N、COD；$L_{bre(i)}$ 为污染因子 i 的年排放量；h 为牛、羊、猪和家禽；N_h 为 h 的养殖数量；D_h 为 h 的养殖周期；e_h 为 h 的日排粪量；c_{he} 和 β_{hf} 为 h 的单位粪便中污染物含量及污染物流失率；p_h 为 h 的日排尿量；c_{hp} 和 β_{hp} 为 h 的单位尿液中污染物含量及污染物流失率。

（2）工业灰水产生量

工业部门是国民经济的重中之重，集中体现了国家的综合发展水平，但在工业发展的过程中也会产生较大规模的污染。与农业面源污染不同，工业废水通过管道直接排入水体，能够通过监测直接获取污染物的排放数据。而 COD 和 NH_3-N 是工业废水中的主要污染物，因而选择 COD 和 NH_3-N 的排放量作为衡量工业灰水足迹的依据。工业灰水量的测算公式如下：

$$GW_{ind} = \max [GW_{ind(NH_3-N)}, GW_{ind(COD)}] \qquad (6.10)$$

$$GW_{ind(i)} = \frac{L_{ind(i)}}{c_{u(i)} - c_{l(i)}} \ln \frac{c_{u(i)} - c_{nat(i)}}{c_{l(i)} - c_{nat(i)}} \qquad (6.11)$$

其中，GW_{ind} 为工业灰水产生量；$GW_{ind(i)}$ 为工业污染因子 i（COD 或 NH_3-N）产生的灰水足迹；$L_{ind(i)}$ 为工业污水中污染因子 i 的排放负荷。

（3）生活灰水产生量

生活污水与工业污水均为点源污染，所排放的污水中污染物主要为 COD 和 NH_3-N。因此，参照工业灰水足迹计算公式，生活灰水足迹（GW_{dom}）的测算公式如下：

$$GW_{dom} = \max [GW_{dom(NH_3-N)}, GW_{dom(COD)}] \qquad (6.12)$$

$$GW_{dom(i)} = \frac{L_{dom(i)}}{c_{u(i)} - c_{l(i)}} \ln \frac{c_{u(i)} - c_{nat(i)}}{c_{l(i)} - c_{nat(i)}} \qquad (6.13)$$

其中，GW_{dom} 为生活灰水产生量；$GW_{dom(i)}$ 为生活污水中污染因子 i（COD 或 NH_3-N）产生的灰水足迹；$L_{dom(i)}$ 为生活污水中污染因子 i 的排放负荷。

（4）灰水总产生量

参照孙才志等（2018，2020）对灰水足迹的计算方法，对灰水总产生量取 N 灰水足迹和 COD 灰水足迹中的最大值[321-322]。

$$GW = \max [GW_{pla(N)} + GW_{bre(NH_3-N)} + GW_{ind(NH_3-N)} + GW_{dom(NH_3-N)}, GW_{bre(COD)} + GW_{ind(COD)} + GW_{dom(COD)}] \qquad (6.14)$$

其中，GW 为灰水总产生量。

四、用水总量控制下水资源负债的核算模型

结合水资源利用的过程，水资源负债表现为取水环节直接用水量与排水环节灰水产生量之和超过可供水量而产生的经济与水资源之间的债务债权关系。水资源负债与可供水量、取水环节直接用水量及排水环节灰水量有关。直接用水量和灰水产生量共同构成了总需水量。当总需水量低于可供水量时，表现为水资源的盈余，表明此时不存在水资源负债。这种情况下，政府部门提供的水资源能完全满足用水主体的用水需求，且用水主体排水环节向环境最终排放的污染物含量并没有超过环境承载能力，因此没有对水环境系统造成损害，水资源负债值为 0。

当总需水量高于可供水量时，表现为水资源赤字。具体可以分为三种情况：第一种是直接用水量超过总需水量，即政府部门提供的水资源不能满足用水主体的用水需求，导致用水主体可能产生超额用水的行为；第二种是灰水产生量超过总需水量，即用水主体在排水环节向环境中最终排放的污染物含量超过环境所能承载的极限，用水主体存在污染水环境的行为；第三种情况是兼具了前两种情况，即政府部门提供的水资源无法满足用水主体的用水需求，存在超额用水的情况，同时用水主体在排放环节对水环境造成损害。

水资源负债为总需水量与可供水量之间的差额，具体计算公式如下：

$$WRL = \begin{cases} WS+GW-WC, & WS+GW>WC \\ 0, & WS+GW \leqslant WC \end{cases} \qquad (6.15)$$

其中，WRL 为水资源负债量，WS 为取水环节直接用水量，GW 为排水环节灰水产生量，WC 为可供水量。

第三节　数据来源与预处理

基于最严格水资源管理视角测度分析水资源负债实物量状况，所需数据分为两类：一是各省份用水总量控制数据，二是反映各省份取水环节不同用途下水资源利用数据及相应的排水环节各类污染物排放数据。2012年初，国务院发布《关于实行最严格水资源管理制度的意见》（国发〔2012〕3号）中提出严格实行用水总量控制，并在2013年公布了《实行最严格水资源管理制度考核办法》，因此水资源负债实物量核算的时间范围设定为2012—2020年。

（1）各省市可供水量数据

在《实行最严格水资源管理制度考核办法》中明确规定了31个省份（未含港澳台地区）2015年、2020年及2030年用水总量控制目标，采用插值法对各省份的用水总量控制目标数据进行处理，得到2012—2020年31个省份的可供水量数据。

（2）各省市水资源利用及排污数据

取水环节中，直接用水量数据包括2012—2020年31个省份（未含港澳台地区）市的农业用水、工业用水、生活用水和生态环境补水等数据，均来源于 2013—2021 年国家统计年鉴及各省统计年鉴。

排水环节中,将氮肥淋失率设定为全国平均水平 7%。农业化肥施用氮肥折纯量数据来源于 2013—2021 年国家统计年鉴。畜禽养殖业中牛、羊、猪和家禽的养殖数量来自国家统计年鉴,为避免重复计算,猪与禽类的养殖时间短于 1 年,其数量取年末出栏量,牛与羊的养殖时间超过 1 年,其数量取年末存栏量[323]。牛、羊、猪和家禽的日排粪/尿量、单位粪便/尿液中的污染物含量及污染物流失率数据从《全国规模化畜禽养殖业污染情况调查及防治对策》中获取。工业废水与生活污水中 COD 和 NH_3-N 排放量数据来自 2013—2021 年国家统计年鉴。受纳水体污染物容许限值的上限和下限分别设定为《污水综合排放标准》(GB8978-1996)中的二级排放标准和一级排放标准,受纳水体污染因子初始浓度参考 Hoekstra 编写的《水足迹评价手册》,设为 0。

第四节　水资源负债实物量核算结果

一、全国层面水资源负债计算结果

根据公式计算得出 2012—2020 年中国 31 个省级行政单元(未含港澳台地区)水资源负债数量,见图 6.1。2012—2020 年全国水资源负债均值为 1 342.80 亿 m^3。从变化趋势来看,全国水资源负债总量演变过程经历了两个阶段。

第一阶段为 2012—2015 年,全国水资源负债总量呈现波动下降态势,从 1 684.05 亿 m^3 下降为 1 566.20 亿 m^3,降幅为 7%。其中,可供水量变动不大,总需水量从 8 034.05 亿 m^3 减少至 7 911.87 亿 m^3,减少了 1.52%,总需水量减少是引起这一阶段水资源负债下降的主要原因。从总需水量构成来看,直接用水量占比超过总需水量的 75%,在该阶段从 6 131.30 亿 m^3 减少至 6 102.90 亿 m^3,减少量为 28.40 亿 m^3,降幅为 0.46%;灰水产生量占总需水量比重在 22%~24% 之间,在该阶段呈下降趋势,从 1 902.75 亿 m^3 减少至 1 808.97 亿 m^3,减少量为 93.78 亿 m^3,降幅为 4.93%。

第二阶段为 2016—2020 年,全国水资源负债总量呈明显下降趋势,从 2016 年的 1 335.04 亿 m^3 减少到 2020 年的 863.23 亿 m^3,降幅达到

35.34%。其中，可供水量从 6 420.00 亿 m³增加至 6 700.00 亿 m³，增加了 4.36%；总需水量从 7 732.41 亿 m³减少至 7 457.03 亿 m³，减少了 3.56%。可供水量的增加与总需水量的减少共同引起这一阶段水资源负债减少。从总需水量的构成来看，直接用水量与灰水产生量均出现一定程度的减少，其中直接用水量从 6 039.80 亿 m³减少至 5 813.40 亿 m³，减少量为 226.14 亿 m³，降幅为 3.75%，而灰水产生量从 1 692.61 亿 m³减少至 1 643.63 亿 m³，减少量为 48.98 亿 m³，降幅为 2.89%。

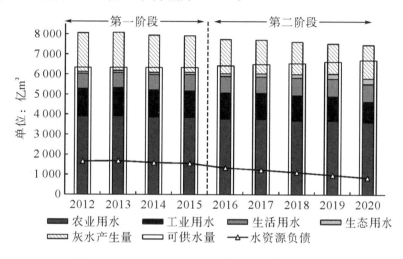

图 6.1 2012 年~2020 年中国水资源负债变化趋势

二、省域层面水资源负债计算结果

根据省域层面水资源负债实物量计算结果（表 6.1）可知：

（1）2012 年，全国 31 个省份（未含港澳台地区）水资源负债平均值为 54.32 亿 m³。其中青海最低（7.34 亿 m³），北京次之（7.35 亿 m³），江苏、河南、新疆、广东均超过 100 亿 m³，江苏的水资源负债水平最高（143.96 亿 m³），数量上是青海水资源负债的近 20 倍。水资源负债在 37.48 亿 m³以上的地区数量达到 18 个，占比为 58.06%，说明研究初期各省份水资源负债普遍较高。

（2）2015 年，全国整体水资源负债较 2012 年呈减少态势，31 个省份（未含港澳台地区）水资源负债均值为 50.52 亿 m³。11 个省份的水资源负债较 2012 年有明显增加，其中四川和江苏增加量超过 10 亿 m³，其余 20 个省份的水资源负债有所减少，广东、浙江和河南三个省份的水资源负债减少量超过 20 亿 m³。

（3）2017 年，各省份水资源负债均值为 40.13 亿 m³。江苏的水资源负债最高，其次为新疆、河南，水资源负债分别为 159.95 亿 m³、103.12 亿 m³、86.24 亿 m³。

（4）2020 年，全国整体水资源负债进一步降低，31 个省份（未含港澳台地区）平均水资源负债为 27.85 亿 m³。新疆、宁夏、青海、西藏、甘肃、北京 6 个省份的水资源负债较 2017 年有所增加，其中，新疆的水资源负债增加超过 20 亿 m³，其次为宁夏，水资源负债增加 4.94 亿 m³，其余 4 个省份增加程度较小。23 个省份的水资源负债低于 2017 年水资源负债水平，且四川、黑龙江、湖北三个省份的减少量超过 30 亿 m³。在数量上，江苏的水资源负债数量仍处于第一，其次为新疆、安徽，三个省份的水资源负债分别为 130.63 亿 m³、124.21 亿 m³、75.67 亿 m³。

在 2015 年开始，上海市的水资源负债为 0，2016—2018 年水资源负债为 0 的省份为上海市和浙江省，2019 年共有 4 个省市的水资源负债为 0，分别是天津、吉林、上海和浙江。2020 年，天津、吉林、上海、浙江、湖北、重庆、贵州 7 个省市的水资源负债为 0。

表 6.1　水资源负债实物量核算结果　　　　　　单位：亿 m³

区域（未含港澳台地区）	2012 年	2013 年	2014 年	2015 年	2016 年	2017 年	2018 年	2019 年	2020 年
北京	7.35	7.09	7.29	7.38	4.47	2.43	1.51	3.13	2.52
天津	7.71	7.86	7.92	8.88	4.70	2.41	0.82	0.00	0.00
河北	69.84	64.39	65.65	57.93	48.31	47.95	36.17	29.22	27.59
山西	26.81	26.78	23.12	23.34	18.83	13.58	8.39	6.81	4.73
内蒙古	46.63	46.12	47.60	51.91	48.40	45.60	42.19	37.15	37.48
辽宁	46.29	44.63	42.20	39.48	23.77	18.65	14.30	11.12	12.22
吉林	40.98	42.40	42.70	42.64	30.69	17.91	3.87	0.00	0.00
黑龙江	72.07	73.65	75.49	65.25	59.33	60.61	48.86	11.11	16.44
上海	11.90	18.43	0.15	0.00	0.00	0.00	0.00	0.00	0.00
江苏	143.96	164.92	177.24	157.79	154.57	159.95	153.42	172.25	130.63
浙江	22.92	20.23	11.14	0.07	0.00	0.00	0.00	0.00	0.00
安徽	87.14	92.89	67.62	81.79	83.16	80.60	79.38	72.41	75.67
福建	35.35	39.80	40.34	35.49	22.36	21.55	15.63	5.71	19.22

表6.1(续)

区域（未含港澳台地区）	2012 年	2013 年	2014 年	2015 年	2016 年	2017 年	2018 年	2019 年	2020 年
江西	57.34	79.22	74.11	59.69	57.73	55.56	56.43	54.61	52.84
山东	83.86	78.21	71.58	68.27	56.52	43.61	39.68	36.79	36.89
河南	130.75	130.92	98.14	109.16	99.66	86.24	75.34	64.74	57.58
湖北	87.33	72.12	65.58	74.42	39.61	33.73	23.79	13.39	0.00
湖南	80.20	83.74	83.55	80.04	66.10	56.47	62.48	50.02	29.29
广东	122.49	108.61	102.75	98.91	86.55	85.40	71.23	56.88	69.54
广西	76.83	81.34	79.57	68.66	55.27	51.23	52.86	42.39	29.20
海南	9.88	7.67	9.26	9.41	7.78	7.63	6.88	6.91	5.42
重庆	25.89	26.51	22.76	20.77	12.85	9.99	8.59	6.01	0.00
四川	94.41	89.24	83.58	110.40	90.58	80.34	59.34	37.33	25.25
贵州	19.04	18.66	23.09	25.66	23.82	24.13	21.26	18.40	0.00
云南	47.62	46.10	46.87	47.48	39.11	43.60	33.97	24.43	19.72
西藏	13.48	14.19	14.01	14.09	14.37	17.06	17.54	17.93	18.00
陕西	39.94	40.69	40.06	39.33	32.15	32.13	30.01	22.94	18.96
甘肃	32.29	33.77	32.59	30.26	26.84	26.97	25.31	24.86	27.70
青海	7.34	8.47	6.49	6.79	6.48	9.98	9.32	8.66	11.56
宁夏	9.48	12.00	10.07	9.78	4.55	5.64	5.32	8.98	10.58
新疆	126.93	125.75	124.46	121.17	116.49	103.12	100.77	140.47	124.21

在用水总量控制下，各省份可供水量与总需水量的变化直接引起了水资源负债的变化。具体原因分析如下：

根据全国用水总量控制目标，各省份确定了本地区的可供水量。从研究期内 31 个省份（未含港澳台地区）可供水量的均值来看，呈现出逐年上升趋势，由 2012 年的 204.84 亿 m³ 上升至 2020 年的 216.13 亿 m³。从各省的变动来看，安徽、广东、甘肃三省的可供水量呈现出降低趋势，3 个省 2020 年的可供水量分别较 2012 年降低 0.95%、0.34%、8.53%；其他 28 个省的可供水量均呈逐年增长趋势，其中天津增幅最大，为 38.18%。在数量上，在 2012 年新疆的可供水量排名第一，其次为江苏，分别为 515.60 亿 m³ 和 508.00 亿 m³；天津的可供水量最低，为 27.50 亿 m³。至 2020 年，江苏的可供水量为 524.15 亿 m³，略高于新疆的可供水量 515.97 亿 m³，天津的可供水量仍处于最低，为 38.00 亿 m³。

在研究期内，31个省份（未含港澳台地区）的总需水量均值由2012年的259.16亿 m^3 上升至2013年的259.88亿 m^3，随后呈现出逐年下降趋势，至2020年总需水量均值降至240.55亿 m^3。从各省的变动来看，北京、内蒙古、江苏、江西、云南、西藏、青海、宁夏这8个省的总需水量呈现增加趋势，分别较2012年增加3.69%、1.39%、0.43%、1.79%、0.80%、11.40%、11.64%、1.66%。其余23个省的总需水量均较2012年有所降低，其中浙江的总需水量降幅最大，为20.79%。在数量上，在2012年江苏的总需水量排名第一，其次为新疆、广东，总需水量分别为651.96亿 m^3、642.53亿 m^3、580.10亿 m^3；天津的总需水量最低，为35.21亿 m^3。至2020年，江苏的总需水量为654.78亿 m^3，高于新疆的总需水量640.18亿 m^3，天津的总需水量最低，为34.48亿 m^3。

从总需水量的构成来看，研究期内31个省份（未含港澳台地区）的直接用水量均高于灰水产生量。（1）直接用水量。全国各地区总需水量构成主要是直接用水量。其中2012年以农业用水为主的地区有28个，其高值区主要分布在东北、新疆、长江流域及珠江流域的部分省份，一方面在于上述地区是中国粮食主要产地，另一方面在于灌溉用水占农业用水的近九成，但我国的农业用水有效灌溉系数不到50%，一半以上的水在输送和灌溉期间被浪费[324]。先进国家的农业用水有效灌溉系数达到70%~80%。随着2012年开始实行最严格水资源管理制度，提出了加大农业节水力度，并在产业、财政、技术上采取一系列措施加强对节水灌溉的支持。在研究期末中国农业用水总量明显降低，高值区包括新疆、黑龙江、江苏、广东等地区。工业用水高值区包括江苏、广东、安徽、湖北、湖南等地区，分布范围相对稳定。生活用水和生态用水规模整体较小，2020年生活用水和生态用水仅占总用水的15.70%。（2）灰水量。研究期内，31个省份（未含港澳台地区）的灰水产生量均值由2012年的61.38亿 m^3 下降至2020年的53.02亿 m^3。中国绝大多数地区灰水量均呈现不同程度的下降态势，其中灰水足迹低于50亿 m^3 的地区由2012年的11个增加至2020年的15个。整体而言，灰水量高值区主要集中在广东、四川、河南、山东等地区。这主要取决于各地水资源利用的具体情况，如河南的灰水主要来源为农业产生的灰水，广东灰水量的大部分来源为生活灰水。关于灰水产生量的具体数值，2012年河南的灰水产生量最大，为152.15亿 m^3，种植业和畜禽养殖业是主要的灰水来源，占该省份灰水产生量的85.94%；其次为广东，灰水产生量为 129.00 亿 m³，其中生活灰水产生量是同时期所有省份生活灰水产生量的最高值，占该省份灰水产生量比重为 61.38%；北京的灰水产生量最低，为 11.45 亿 m³。至 2020 年，广东的灰水产生量最大，为 120.38 亿 m³，其生活灰水产生量仍处于所有省份生活灰水产生量的最高值，占该省份灰水产生量的比例为 68.52%；其次为四川，灰水产生量为 109.99 亿 m³，农业灰水产生量和生活灰水产生量分别占该省份灰水产生量的 54.71% 和 39.72%；天津的灰水产生量最低，仅为 6.68 亿 m³。在科学发展观等一系列政策下，各省份的灰水产生量均呈现出减少态势。

第五节　水资源负债实物量结果分析

水资源负债反映的是各地区因使用水资源和排放水污染物超过资源承载力与环境承载力而造成的经济与环境之间的债权债务关系。由于各地区处于不同的发展进程，为综合反映各地区的水资源负债情况，引入水资源负债强度这一指标对水资源负债进行综合分析。将水资源负债强度定义为单位 GDP 所承担的水资源负债，用水资源负债与 GDP 之比表示。水资源负债强度越大，意味着单位 GDP 所承担的水资源代价越大，水资源利用效率越低。

一、水资源负债强度变化分析

中国的水资源负债强度总体上呈现不断下降趋势，表明近年来中国水资源利用效率明显提升。2012—2020 年间，31 个省份（未含港澳台地区）市平均水资源负债强度为 28.37m³/万元，但区域之间的水资源负债强度差别较大，大体上呈现西高东低的特征。图 6.2 描绘了各省市水资源负债强度及变动情况。从均值来看，东部地区北京、天津、上海、浙江、福建、山东等地的水资源负债强度相对较低，表明上述省份的社会经济发展与水资源这一要素实现较好的协同发展；水资源负债强度相对较高的省主要是西部地区的西藏、新疆、广西、甘肃、青海以及中部地区的黑龙江，表明上述省份水资源利用效率较低。水资源负债强度的地理分布特征在体现我国社会经济现状空间分布的同时，也表明了经济发展对降低水资源负债强度具有一定的积极作用。

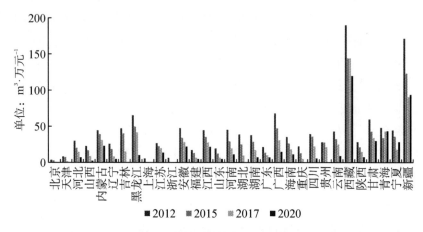

图 6.2　各省份（未含港澳台地区）水资源负债强度情况

二、水资源负债强度区域差异分析

为进一步解释水资源负债强度的空间非均衡特征，采用 Dagum 基尼系数[325]测算 2012—2020 年水资源负债强度的地区差异。相较于泰尔指数和传统的基尼系数，Dagum 基尼系数将总体差异分解为区域内差异、区域间差异和超变密度贡献三个部分，从而可以有效分析不同地区对总体差异的影响，有效解决了总体差异的来源问题[326-327]。通常情况下，基尼系数越小表示地区间的协同性越强，基尼系数越大表示区域协同性越弱。按照东部、中部、西部三个区域对水资源负债强度的空间差异进行分解，见表 6.2。

表 6.2　水资源负债强度的空间差异来源及分解

年份	总体	贡献率			区域内差异			区域间差异		
		区域内	区域间	超变密度	东部	中部	西部	东部-中部	东部-西部	中部-西部
2012	0.398 3	27.89%	64.01%	8.10%	0.320 8	0.133 0	0.373 2	0.418 7	0.571 8	0.313 9
2013	0.410 0	27.41%	63.38%	9.20%	0.291 9	0.169 9	0.376 8	0.449 9	0.586 9	0.325 0
2014	0.420 5	28.56%	62.09%	9.35%	0.376 3	0.205 0	0.377 6	0.436 5	0.586 9	0.341 9
2015	0.413 3	27.36%	65.18%	7.46%	0.390 4	0.158 1	0.358 0	0.451 7	0.606 5	0.314 3
2016	0.464 6	28.57%	61.67%	9.76%	0.435 8	0.206 3	0.417 1	0.493 8	0.650 5	0.373 2
2017	0.500 5	28.91%	62.79%	8.30%	0.479 9	0.268 9	0.429 9	0.497 9	0.684 2	0.428 9
2018	0.545 1	29.32%	61.89%	8.79%	0.516 8	0.346 2	0.459 4	0.553 1	0.716 1	0.486 9

表6.2(续)

年份	总体	贡献率			区域内差异			区域间差异		
		区域内	区域间	超变密度	东部	中部	西部	东部-中部	东部-西部	中部-西部
2019	0.615 6	30.22%	61.64%	8.14%	0.580 4	0.422 6	0.514 2	0.559 9	0.760 7	0.609 4
2020	0.655 8	30.96%	57.75%	11.29%	0.489 3	0.483 2	0.576 5	0.561 9	0.782 3	0.675 4

（1）总体空间差异。在样本期内，水资源负债强度的总体基尼系数均值为0.491 5，表现为波动上升趋势，表明水资源负债强度的差异正逐渐扩大，详见图6.3。2012—2014年总体基尼系数呈上升趋势，2015年出现小幅下降，2016—2020年继续保持上升趋势，且上升速度较快，反映出水资源负债强度差异程度处于不断调整过程。对于贡献率的变动趋势，区域内差异贡献率从2012年的27.89%上升至2020年的30.96%，区域间差异贡献率从2012年的64.01%降低至2020年的57.75%，超变密度贡献率在7.46%~11.29%之间波动。区域间差异贡献率明显超过区域内差异和超变密度的贡献率，可见总体空间差异主要源自区域间差异，因此缩小区域间差距是解决水资源负债强度空间差异的关键。

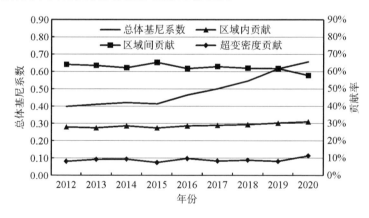

图6.3 水资源负债强度的总体空间差异

（2）区域间差异。在样本期内，各区域间差异均表现为上升趋势，其中东部与西部区域间差异在2012—2020年呈逐步增大趋势，由2012年的0.571 8上升为2020年的0.782 3，详见图6.4。东部与中部、中部与西部的差异均呈波动上升趋势，区域间差异的基尼系数始终低于0.70。总体看来，东部与西部区域间差异是造成水资源负债强度区域间差异的重要因素。东部地区经济发达，拥有优越的地理位置等客观因素，在长期的发展中形成了合理的产业结构和较高的水资源利用水平，水资源利用效率高，水资源负债强度相对较低；西部地区地处中国内陆，经济发展起步晚，水资源负债强度普遍较高，均值在 31.30m³/万元以上。东西部之间经济发展、产业结构、地区发展规划等方面存在较大差异，是形成水资源负债强度差异的关键。

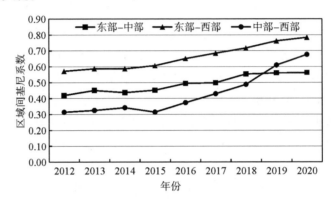

图 6.4   水资源负债强度区域间基尼系数

（3）区域内差异。东、中、西部区域的组内差异分析为各区域非均衡程度的横向对比提供依据。三个区域的组内差异处于不同的水平，在 2012—2014 年区域内差异从高到低分别为西部、东部、中部，自 2015 年开始位次发生变动，区域内差异由高到低分别为东部、西部、中部，在 2020 年位次再次变为西部、东部、中部。不同区域存在差异化的演变趋势（见图 6.5）。从数量大小来看，西部区域的水资源负债强度的年均差异最大，为 0.431 4；其次是东部区域，为 0.431 3，略低于西部区域；中部区域内差异均值最低，为 0.265 9。从组内差异演变趋势来看，三个区域组内差异存在不同程度的波动。东部区域的水资源负债强度差异在 2013 年达到最低点后呈快速上升趋势；西部区域变动较为平缓，总体呈现出波动上升的趋势；中部区域的水资源负债强度差异在 2012—2014 年间不断增大，在 2015 年出现短暂缩小后又呈扩大趋势。从差异大小来看，东部区域各省份之间的经济发展水平差异较大，产业结构转型下江苏、河北、海南等地在近几年的发展中对水资源的依赖程度有所降低，但仍与上海、浙江、北京、天津等有较大差距。

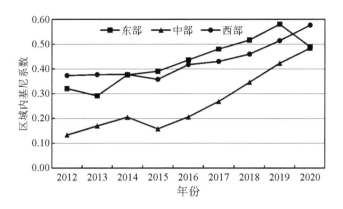

图 6.5　水资源负债强度区域内基尼系数

三、水资源负债强度空间格局演变

（1）Moran's I 指数

探索性空间数据分析方法是基于空间数据分析技术及方法，对具有某种属性的空间分布与其邻近地区的相关性及关联程度进行测度，反映数据的空间分布特征及空间结构，体现不同主体之间的空间作用机制。该方法包括了全局和局部自相关分析两部分。全局空间自相关分析主要反映区域总体空间关联度及差异度，局部空间自相关分析反映个体单元与邻近空间单元的关联度。

为判断水资源负债强度的空间依赖与关联特征，采用探索性空间数据分析方法的全局 Moran's I 指数进行空间相关性检验。综合考虑各地区的地理距离和经济属性，将空间权重矩阵设定为非对称性经济地理空间权重矩阵[328]。从表 6.3 可以看出，在研究期内中国各省市水资源负债强度的 Moran's I 指数均为正值，且均通过显著性水平检验，表明我国省域水资源负债强度存在显著的正相关性，水资源负债强度接近的省份在地理空间上表现出显著的集聚效应。Moran's I 指数由 2012 年的 0.021 上升为 2015 年的 0.025，呈现出弱上升趋势，说明水资源负债强度的空间相关显著性得到提升，集聚程度在上升。在 2015 年 Moran's I 指数达到最高点，随后表现出了明显降低的趋势，说明水资源负债强度的空间集聚程度在降低。

表 6.3　水资源负债强度的 Moran's I 指数

年份	Moran's I	z	p-value
2012	0.021	1.811	0.035
2013	0.018	1.700	0.045
2014	0.020	1.776	0.038
2015	0.025	1.932	0.027
2016	0.016	1.649	0.050
2017	0.016	1.672	0.047
2018	0.012	1.536	0.062
2019	0.010	1.467	0.071
2020	0.011	1.488	0.068

（2）核密度

核密度估计是以核函数为基础，以点或折线要素为对象计算出各单位面积的量值并实现将所有的点和折线拟合成平滑锥状表面的一种非参数密度估计方法。具体而言，核密度估计的关键步骤是创建所有要素点的光滑圆形表面，根据数学函数计算出这些点与参考位置的距离，在此基础上对参考位置的表面值进行加总，并根据要素点的峰值或核形成平滑的锥状表面[329]。

借助核密度的方法对水资源负债强度进行核密度空间分布格局分析。其中，核密度图的波峰高度、数量、宽度、拖尾以及推移形态等特征均可对水资源负债强度的分布动态规律进行有效刻画。选取高斯核函数进行水资源负债强度的核密度估计，通过三维核密度可呈现出所有年份水资源负债强度的核密度情况，并利用二维核密度曲线以展示部分年份水资源负债强度核密度曲线的形态特征。

从图 6.6 可以看出：①整体上核密度曲线的中心呈缓慢左移趋势，表明水资源负债强度出现持续下降的演进特征；②随着时间的推移，波峰高度出现明显提升，并表现出由宽峰形态向尖峰形态逐步演变的过程，表明水资源负债强度的省际绝对差异存在缩小倾向；③研究期内每一年的核密度曲线均出现拖尾，且拖尾逐年拉长，意味着全国范围内水资源负债强度的空间差距在逐步扩大；④核密度曲线明显存在多峰情况，且侧峰峰值低，表明各省市水资源负债强度水平出现明显的多极分化现象。

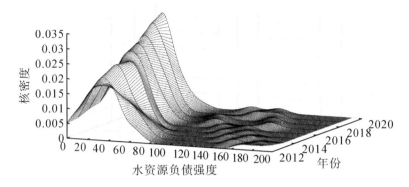

（a）三维核密度

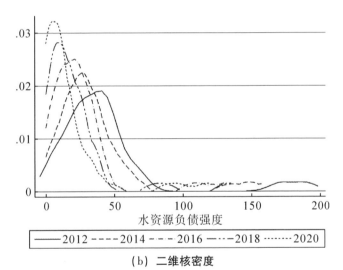

（b）二维核密度

图 6.6　水资源负债强度的空间差异分布动态

第六节　本章小结

　　基于最严格水资源管理制度，本章在界定水资源负债核算边界的基础上，构建水资源负债实物量核算模型。通过分别测算取水环节直接用水量和排水环节灰水产生量，并在用水总量控制下核算出水资源负债实物量。根据水资源负债实物量核算结果，在 2012—2020 年全国水资源负债总量呈现明显下降态势，研究期内全国水资源负债均值为 1 342.80 亿 m^3。在省域层面，2012 年全国 31 个省份（未含港澳台地区）水资源负债平均值为 54.32 亿 m^3，至 2020 年各省份平均水资源负债为 27.85 亿 m^3。在用水总量控制下，各省份可供水量与总需水量的变化直接引起了水资源负债的变化。考虑到各省份发展水平存在差异，本章进一步引入水资源负债强度指标综合分析各省份水资源负债情况。研究期内各省平均水资源负债强度为 28.37m^3/万元，但区域之间的水资源负债强度差别较大，呈现出西高东低的特征。利用 Dagum 基尼系数分析水资源负债强度的空间非均衡特征，结果表明水资源负债强度的差异正逐渐扩大，东部与西部区域间差异是造成区域间差异的重要因素。在空间格局上，我国省域水资源负债强度存在显著的正向空间相关性，水资源负债强度接近的省份在地理空间上表现出明显的集聚效应。

第七章　基于水资源资产及负债核算的水资源利用预测分析

在最严格水资源管理制度下，对水资源的开发、利用及管理需要以维持生态系统正常运转为前提，促进资源、环境及经济的协调发展[330]。通过对水资源资产及负债实物量的核算及结果分析反映了最严格水资源管理制度下我国水资源的利用情况，但对于未来究竟能否实现水资源的可持续性利用，亟须进行更深层面的探讨。本章根据水资源利用系统的内部构成和外界条件，构建水资源利用系统动力学模型，绘制因果关系回路图和系统流图，分析在各要素循环反馈作用下的水资源利用系统的运行规律；在选择影响水资源利用系统关键变量的基础上，调整关键变量路径设定，分析不同发展模式下的水资源资产及负债的变动情况。

第一节　水资源利用系统动力学模型构建

一、系统动力学建模的适用性分析

系统动力学基于系统思维，通过同时利用定性和定量分析对现实情况下具有高阶和时变特征的复杂系统进行研究[331]。此外，利用系统动力学还能实现对复杂系统的反馈控制。在具体的建模过程中，系统动力学重点关注分析系统结构以及建立有效的动态反馈机制。水资源利用系统的内部结构复杂，并且与其他系统之间也存在复杂的关联关系。考虑到水资源利用系统具有动态性、延迟性以及非线性等特点，并且受到数据有限性的制约，一般的计量模型难以对其进行全面反映，而系统动力学分析方法能够较好地分析复杂系统问题。具体而言，采用系统动力学研究我国水资源的开发利用具有以下优势：

（1）系统动力学具有系统性、动态性以及反馈性等特征，而水资源的利用受到众多因素的影响，且各因素之间的复杂关系形成了水资源利用的复杂系统，因此采用系统动力学研究水资源利用是合适的方法。

（2）有别于其他研究方法对变量数量及其性质的限制，系统动力学适用于处理数量繁多的变量环境，同时也能将定性变量纳入系统，通过系统结构分析反映出变量之间的复杂关系，弥补了其他方法的缺陷，使其适用于水资源利用系统的研究。

（3）考虑到在数据搜集过程中会存在数据不完整的情况，针对这一无法避免的问题，系统动力学具有其特殊的优势，当水资源利用系统出现数据不全的情况，系统动力学仍能够实现对复杂系统的有效拟合。

（4）我国各地区水资源的利用与政府部门水资源管理政策相关，水资源管理政策属于定性变量，很难以数据方式体现，而系统动力学具有将定性变量进行转化的功能，因此可以实现在水资源利用过程中对政府水资源管理政策因素进行模拟。

二、水资源利用系统边界的确定

（一）建模目的

运用系统动力学对复杂系统进行模拟和仿真，可以有效掌握系统的内部构成，识别系统内部诸要素的影响机制和系统运行方式。此外，对系统参数进行调整，可以实现对系统发展趋势的预测。结合水资源资产及负债的概念以及水资源资产及负债核算框架模型，提出水资源利用系统的建模，目的有两个方面：一是从水资源利用系统的内部构成和外界条件出发，构建水资源利用系统动力学模型，绘制因果关系回路图和存量流图，分析在诸多要素循环反馈影响下水资源利用系统变动情况，即系统的运行规律；二是在选择影响水资源利用系统关键变量的基础上，通过调整关键变量设计情景方案，分析不同发展模式下的水资源资产及负债的变动情况。

（二）模型边界

水资源利用系统边界确定的重点是对系统中的对象及范围进行明确。根据水资源利用系统的功能，除水资源的供给与使用外，还包括人口、经济、文化、生态等诸多环境要素[332]。由于水资源利用系统无法考虑到所有要素，必须对系统的核心部分进行识别并明确规定系统边界。结合水资源资产及负债涉及的诸多关键变量，在确保系统正常运转的基础上简化模型结构，以我国作为研究对象，选取2012—2030年作为时间边界，并确定对水资源利用具有显著影响的关键因素，关键因素主要包括GDP增长率、生活污水产生系数、灌溉面积增长率等。

（三）模型假设

为了让所构建的水资源利用系统动力学模型更加贴近现实系统，对相关变量及系统构建做出如下假设：

（1）所构建的模型适用于全国层面数据；

（2）模型运行期间社会经济发展基本稳定，短期内不会出现较大的波动；同时，不存在洪涝灾害等不可抗力因素的影响；

（3）模型主要考虑各用水主体对实体水资源的利用及对水资源环境产生的影响。由于贸易环节对虚拟水资源的利用所涉及的影响因素较为复杂，暂不考虑虚拟水资源的利用，仅对实体水资源资产进行预测。

三、水资源利用系统因果关系回路图

以不同用水部门作为划分依据，将水资源利用系统划分为六个子系统，分别为人口子系统、种植业子系统、畜禽养殖业子系统、工业子系统、生活子系统以及水资源环境子系统。运用系统动力学的理论和方法，借助Vensim软件建立各子系统的因果回路图，并分析各子系统的正负因果链关系，最终形成水资源利用系统因果回路图。

（1）人口子系统

人口子系统对用水的影响体现在人口数量及人口结构对日常生活中水资源的消耗，并最终汇总至水资源环境子系统。人口子系统的因果关系见图7.1。"城镇/农村人口→城镇/农村生活用水量"的正因果链导致人口发展和水资源的矛盾，人口增多会导致生活用水量的增加从而增大水资源供需不匹配程度，不利于水资源可持续利用。

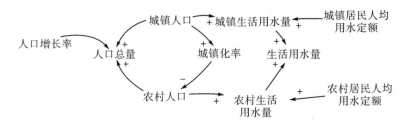

图7.1 人口子系统因果关系图

（2）种植业子系统

种植业子系统主要反映农业灌溉对水资源的需求以及化肥施用对水污染物排放的影响，并通过灌溉用水量和种植业灰水足迹最终汇总至水资源环境子系统[333]。种植业子系统的因果关系见图7.2。"耕地灌溉面积→灌溉用水量"的正向因果链体现种植业生产对水资源的需求情况。"农业氮肥施用折纯量→种植业灰水足迹"的正向因果链反映出非点源水污染对水环境的影响。

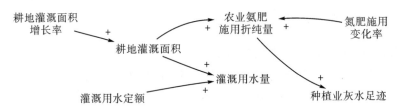

图7.2 种植业子系统因果关系图

（3）畜禽养殖业子系统

畜禽养殖子系统主要以牛、羊、猪以及家禽养殖为核心，畜禽养殖业子系统的因果关系见图7.3，存在"畜禽数量→畜禽业用水量"的正向因果链和"畜禽数量→畜禽养殖业 COD/氨氮排放负荷→畜禽养殖业 COD/氨氮灰水足迹"的正向因果链。畜禽养殖规模的扩大，在导致对水资源的需求提升的同时也会对水环境产生相应的污染，该影响通过畜禽业用水量和畜禽养殖业灰水足迹最终汇总至水资源环境子系统。

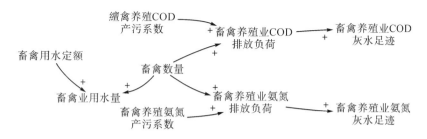

图7.3 畜禽养殖业子系统因果关系图

（4）工业子系统

工业子系统以工业增加值为核心，工业子系统的因果关系见图7.4，存在"工业增加值→工业用水量"的正向因果链和"工业增加值→工业COD/氨氮排放负荷→工业COD/氨氮灰水足迹"的正向因果链。工业的发展对于用水需求及工业灰水足迹均具有正向作用，并最终汇总至水资源环境子系统。

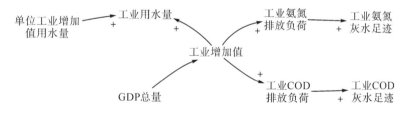

图7.4 工业子系统因果关系图

（5）生活子系统

生活子系统的因果关系见图7.5，存在"城镇/农村生活用水量→城镇/农村生活污水产生量→城镇/农村生活污水COD/氨氮排放负荷→生活污水COD/氨氮灰水足迹"的正向因果链，但污水处理缓解了对水环境的负面作用，降低了COD和氨氮的排放规模，存在"城市生活污水处理率→城镇生活污水COD/氨氮排放负荷"的负向因果链。

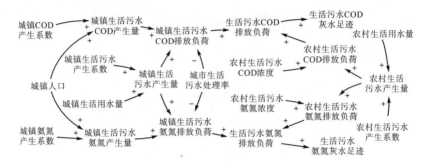

图 7.5　生活子系统因果关系图

（6）水资源环境子系统

水资源环境子系统主要反映总需水量和可供水量对水资源负债的影响，水资源环境子系统的因果关系见图 7.6，存在"总需水量→水资源负债"的正向因果链和"可供水量→水资源负债"的负向因果链。根据总需水量的来源可将其分为直接用水量和灰水产生量，直接用水量和灰水产生量由人口子系统、种植业子系统、畜禽养殖业子系统、工业子系统和生活子系统中的用水量和灰水足迹决定。

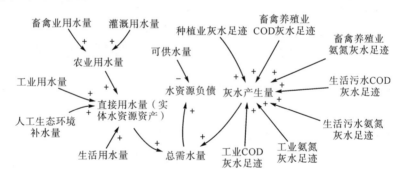

图 7.6　水资源环境子系统因果关系图

四、水资源利用系统存量流图

系统反馈分析及因果关系图仅可以实现对系统的基本反馈结构的刻画，无法体现出对不同变量的有效区分。而通过水资源利用系统流图的构建可以更清晰地对系统的积累效应以及动态发展趋势进行分析。以各子系统的因果关系为基础，结合代表性以及精简性的原则，利用 Vensim 软件构建水资源利用系统流图，见图 7.7。

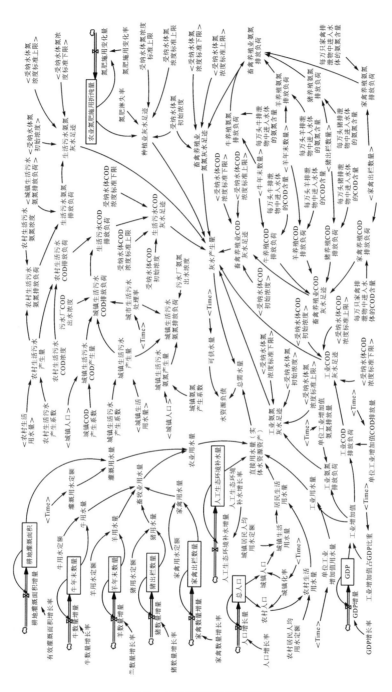

图 7.7　水资源利用系统流图

五、水资源利用系统参数确定及方程构建

（一）变量参数的确定

对于水资源利用系统动力学模型中的所有状态变量方程的初始值、常数及表函数等参数赋值，所采取的方法具体为：

（1）整理全国及各省的统计年鉴、水资源公报以及国民经济和社会发展统计公报数据，并对搜集的数据展开分析，通过构建回归模型以展示部分变量的变动趋势。

（2）经验法。参考现有学者的研究成果，推算出具体参数值。

（3）表函数法。通过构建不同变量间的函数方程，并对参数值进行确定。

（4）根据发展政策规划以及标准，明确变量参数值。

（二）变量方程的构建

水资源利用系统动力学模型必须通过构建变量方程体系以体现出变量之间的定量关系。在构建变量方程时，需要在 Vensim 界面中直接编写公式。结合水资源利用系统动力学流图，水资源利用系统动力学模型所涉及的主要方程如下：

（1）耕地灌溉面积＝INTEG（耕地灌溉面积增量，初始年耕地灌溉面积），Units：千公顷

（2）灌溉用水量＝灌溉用水定额＊耕地灌溉面积，Units：亿 m^3

（3）牛年末数量＝INTEG（牛数量增量，初始年牛数量），Units：万头

（4）羊年末数量＝INTEG（羊数量增量，初始年羊数量），Units：万头

（5）猪出栏数量＝INTEG（猪数量增量，初始年猪数量），Units：万头

（6）家禽出栏数量＝INTEG（家禽数量增量，初始年家禽数量），Units：万只

（7）畜牧业用水量＝牛用水量＋羊用水量＋猪用水量＋家禽用水量，Units：亿 m^3

（8）牛用水量＝牛年末数量＊牛用水定额，Units：亿 m^3

（9）羊用水量＝羊年末数量＊羊用水定额，Units：亿 m^3

（10）猪用水量=猪出栏数量＊猪用水定额，Units：亿 m³

（11）家禽用水量=家禽出栏数量＊家禽用水定额，Units：亿 m³

（12）畜禽养殖业 COD 排放负荷=牛养殖 COD 排放负荷+羊养殖 COD 排放负荷+猪养殖 COD 排放负荷+家禽养殖 COD 排放负荷，Units：万吨

（13）牛养殖 COD 排放负荷=牛年末数量＊每万头牛排泄物中进入水体的 COD 含量，Units：万吨

（14）羊养殖 COD 排放负荷=羊年末数量＊每万头羊排泄物中进入水体的 COD 含量，Units：万吨

（15）猪养殖 COD 排放负荷=猪出栏数量＊每万头猪排泄物中进入水体的 COD 含量，Units：万吨

（16）家禽养殖 COD 排放负荷=家禽出栏数量＊每万只家禽排泄物中进入水体的 COD 含量，Units：万吨

（17）畜禽养殖业 COD 灰水足迹=畜禽养殖业 COD 排放负荷／（受纳水体 COD 浓度标准上限－受纳水体 COD 浓度标准下限）＊LN［（受纳水体 COD 浓度标准上限－受纳水体 COD 初始浓度）／（受纳水体 COD 浓度标准下限－受纳水体 COD 初始浓度）］，Units：亿 m³

（18）畜禽养殖业氨氮排放负荷=牛养殖氨氮排放负荷+羊养殖氨氮排放负荷+猪养殖氨氮排放负荷+家禽养殖氨氮排放负荷，Units：万吨

（19）牛养殖氨氮排放负荷=牛年末数量＊每万头牛排泄物中进入水体的氨氮含量，Units：万吨

（20）羊养殖氨氮排放负荷=羊年末数量＊每万头羊排泄物中进入水体的氨氮含量，Units：万吨

（21）猪养殖氨氮排放负荷=猪出栏数量＊每万头猪排泄物中进入水体的氨氮含量，Units：万吨

（22）家禽养殖氨氮排放负荷=家禽出栏数量＊每万只家禽排泄物中进入水体的氨氮含量，Units：万吨

（23）畜禽养殖业氨氮灰水足迹=畜禽养殖业氨氮排放负荷／（受纳水体氮浓度标准上限－受纳水体氮浓度标准下限）＊LN［（受纳水体氮浓度标准上限－受纳水体氮初始浓度）／（受纳水体氮浓度标准下限－受纳水体氮初始浓度）］，Units：亿 m³

（24）农业氮肥施用折纯量=INTEG（氮肥施用变化量，初始年氮肥施用折纯量），Units：万吨

（25）种植业灰水足迹＝氮肥淋失率＊农业氮肥施用折纯量／（受纳水体氮浓度标准上限−受纳水体氮浓度标准下限）＊LN［（受纳水体氮浓度标准上限−受纳水体氮初始浓度）／（受纳水体氮浓度标准下限−受纳水体氮初始浓度）］，Units：亿 m³

（26）人工生态环境补水量＝INTEG（人工生态环境补水增量，初始年人工环境补水量），Units：亿 m³

（27）总人口＝INTEG（人口增长量，初始年总人口），Units：万人

（28）农村人口＝总人口＊（1−城镇化率），Units：万人

（29）城镇人口＝总人口＊城镇化率，Units：万人

（30）农村生活用水量＝农村人口＊农村居民人均用水定额，Units：亿 m³

（31）城镇生活用水量＝城镇人口＊城镇居民人均用水定额，Units：亿 m³

（32）居民生活用水量＝农村生活用水量＋城镇生活用水量，Units：亿 m³

（33）农村生活污水产生量＝农村生活用水量＊农村生活污水产生系数，Units：亿 m³

（34）农村生活污水 COD 排放负荷＝农村生活污水产生量＊农村生活污水 COD 浓度/100，Units：万吨

（35）农村生活污水氨氮排放负荷＝农村生活污水产生量＊农村生活污水氨氮浓度/100，Units：万吨

（36）城镇生活污水产生量＝城镇生活用水量＊城镇生活污水产生系数，Units：亿 m³

（37）城镇生活污水 COD 产生量＝城镇人口＊城镇 COD 产生系数，Units：万吨

（38）城镇生活污水 COD 排放负荷＝城镇生活污水 COD 产生量−（城镇生活污水 COD 产生量＊城市生活污水处理率−城镇生活污水产生量＊城市生活污水处理率＊污水处理厂 COD 出水浓度/100），Units：万吨

（39）城镇生活污水氨氮产生量＝城镇人口＊城镇氨氮产生系数，Units：万吨

（40）城镇生活污水氨氮排放负荷＝城镇生活污水氨氮产生量−（城镇生活污水氨氮产生量＊城市生活污水处理率−城镇生活污水产生量＊城市

生活污水处理率*污水处理厂氨氮出水浓度/100），Units：万吨

（41）生活污水 COD 排放负荷=农村生活污水 COD 排放负荷+城镇生活污水 COD 排放负荷，Units：万吨

（42）生活污水 COD 灰水足迹=生活污水 COD 排放负荷/（受纳水体 COD 浓度标准上限-受纳水体 COD 浓度标准下限）＊LN［（受纳水体 COD 浓度标准上限-受纳水体 COD 初始浓度）/（受纳水体 COD 浓度标准下限-受纳水体 COD 初始浓度）］，Units：亿 m^3

（43）生活污水氨氮排放负荷=农村生活污水氨氮排放负荷+城镇生活污水氨氮排放负荷，Units：万吨

（44）生活污水氨氮灰水足迹=生活污水氨氮排放负荷/（受纳水体氮浓度标准上限-受纳水体氮浓度标准下限）＊LN［（受纳水体氮浓度标准上限-受纳水体氮初始浓度）/（受纳水体氮浓度标准下限-受纳水体氮初始浓度）］，Units：亿 m^3

（45）GDP = INTEG（GDP 增量，初始年 GDP），Units：亿元

（46）工业增加值=GDP＊工业增加值占 GDP 比重，Units：亿元

（47）工业用水量=工业增加值＊单位工业增加值用水量，Units：亿 m^3

（48）工业 COD 排放负荷=工业增加值＊单位工业增加值 COD 排放量，Units：万吨

（49）工业 COD 灰水足迹=工业 COD 排放负荷/（受纳水体 COD 浓度标准上限-受纳水体 COD 浓度标准下限）＊LN［（受纳水体 COD 浓度标准上限-受纳水体 COD 初始浓度）/（受纳水体 COD 浓度标准下限-受纳水体 COD 初始浓度）］，Units：亿 m^3

（50）工业氨氮排放负荷=工业增加值＊单位工业增加值氨氮排放量，Units：万吨

（51）工业氨氮灰水足迹=工业氨氮排放负荷/（受纳水体氮浓度标准上限-受纳水体氮浓度标准下限）＊LN［（受纳水体氮浓度标准上限-受纳水体氮初始浓度）/（受纳水体氮浓度标准下限-受纳水体氮初始浓度）］，Units：亿 m^3

（52）农业用水量=灌溉用水量+畜牧业用水量，Units：亿 m^3

（53）直接用水量（实体水资源资产）=农业用水量+居民生活用水量+工业用水量+人工生态环境补水量，Units：亿 m^3

（54）灰水产生量=MAX［（畜禽养殖业COD灰水足迹+生活污水COD灰水足迹+工业COD灰水足迹），（畜禽养殖业氨氮灰水足迹+种植业灰水足迹+生活污水氨氮灰水足迹+工业氨氮灰水足迹）］，Units：亿 m^3

（55）总需水量=直接用水量+灰水产生量，Units：亿 m^3

（56）水资源负债=MAX［（总需水量-可供水量），0］，Units：亿 m^3

第二节　水资源利用系统动力学模型的检验

常见的系统动力学模型检验方法包括直观检验、有效性检验和灵敏度分析等[334]。本书将从直观检验、有效性检验和灵敏度分析三个方面分别对水资源利用系统动力学模型进行检验，并在此基础上进行系统仿真与预测。模型检验包括两个时间区间，第一个时间区间为2012—2020年，以此阶段进行模型率定；第二个时间区间为2021—2030年，以此阶段进行模型预测。模型中相关参数的设定参照2012—2020年发展规律进行设置。

一、水资源利用系统动力学模型直观检验

直观检验是指采用系统动力学的理论知识及方法，观察所构建系统中的所有要素，确保变量方程能够涵盖所有可能的情况，模型的边界和需要解释的情况相一致，变量因果关系、存量流图以及方程参数均准确无误。运行检验是对水资源利用系统动力学模型中的变量单位设置、参数设置以及变量方程的合理性进行检查。

通过对水资源利用系统动力学模型的模型边界、变量因果关系以及模型方程进行检验，结果显示所构建的系统动力学模型可以正确反映变量之间的关系以及水资源利用的动态变化。进一步利用Vensim界面中的"模型检查"和"单位检查"工具进行检验，显示模型运行正常，且变量单位无误。

二、水资源利用系统动力学模型有效性检验

为了判断模型结果的有效性，需要对水资源利用系统动力学模型的仿真值进行有效性检验。选用2012—2020年数据用于模型检验，比较典型指标的模型仿真值与实际值之间的偏差，利用平均绝对比重偏差法（MAPE）

计算模型的偏差程度，公式为

$$\mathrm{MAPE} = \frac{1}{n} \sum_{i=1}^{n} \frac{|x_i - y_i|}{x_i} \qquad (7.1)$$

其中，n 为变量的仿真值及真实值的数量，x_i 为变量的真实值，y_i 为变量的仿真结果。

一般情况下，当 MAPE < 10% 时，说明模型能够对实际情况进行高精度的预测；当 10% < MAPE < 20% 时，表明模型的预测结果良好；当 20% < MAPE < 50% 时，表明模型的预测结果可行；当 MAPE > 50% 时，表明模型的预测结果是无效的[335]。结合表 7.1 的检验结果可知，各变量的 MAPE 值均低于 20%，模型的拟合误差在可接受的范围之内，说明所构建的水资源利用系统动力学模型能够真实、准确反映现实系统的定量关系。

表 7.1 模型 MAPE 检验结果

变量	MAPE 值	变量	MAPE 值
耕地灌溉面积	0.91%	工业 COD 灰水足迹	2.18%
牛年末数量	3.04%	工业氨氮灰水足迹	2.18%
羊年末数量	1.77%	总人口	0.29%
猪出栏数量	8.77%	生活用水量	2.14%
家禽出栏数量	1.32%	生活 COD 灰水足迹	11.37%
农业用水量	2.57%	生活氨氮灰水足迹	13.18%
种植业硝态氮灰水足迹	4.68%	人工生态环境补水量	14.22%
畜禽养殖业 COD 灰水足迹	3.15%	直接用水量	1.00%
畜禽养殖业氨氮灰水足迹	1.60%	灰水产生量	2.65%
工业增加值	11.51%	总需水量	0.46%
工业用水量	2.18%	水资源负债	3.24%

三、水资源利用系统动力学模型灵敏度分析

模型的变动包括了三种情况，分别是调整参数、调整结构以及同时调整参数和结构。本书通过对模型参数进行修改以验证模型的灵敏性。Morris 分类筛选法通过随机改变模型中某一变量，同时保持其他参数固定，用模型运行后的输出值与输入值的变化率反映参数变动产生的影响。参照

Morris 分类筛选法的思路，用固定步长对参数变量进行调整，取多次扰动计算得到的 Morris 系数均值作为参数的灵敏度判别因子，反映模型的敏感性。计算公式如下：

$$S = \dfrac{\displaystyle\sum_{i=0}^{t-1} \dfrac{(Y_{i+1} - Y_i)/Y_0}{(b_{i+1} - b_i)/b_0}}{t-1} \tag{7.2}$$

其中，S 为灵敏度判别因子，b_0 和 Y_0 分别为参数的初始输入值及参数率定后的初始输出值；b_i 和 Y_i 为第 i 次运行时的参数输入值及输出值，b_{i+1} 和 Y_{i+1} 为第 $i+1$ 次运行时的参数输入值及输出值，t 为运行次数。

以水资源负债为最终输出值，选取仿真模型中的 11 个控制变量作为敏感性分析的参数。设定固定步长为 5% 对变量参数进行扰动，扰动范围依次为变量参数的 −20%、−15%、−10%、−5%、+5%、+10%、+15%、+20%，其余参数维持固定不变。各参数 2013—2020 年的灵敏度结果见表 7.2 所示。

表 7.2　2013—2020 年参数灵敏度判别因子

参数	2013	2014	2015	2016	2017	2018	2019	2020	$|S|$
有效灌溉面积增长率	0.033	0.072	0.112	0.171	0.243	0.349	0.434	0.716	0.267
牛数量增长率	0.001	0.003	0.004	0.007	0.010	0.014	0.018	0.030	0.011
羊数量增长率	0.000	0.000	0.000	0.000	0.000	0.001	0.001	0.001	0.001
猪数量增长率	−0.005	−0.011	−0.016	−0.024	−0.033	−0.046	−0.054	−0.088	0.035
家禽数量增长率	0.000	0.001	0.001	0.002	0.002	0.003	0.004	0.007	0.003
氮肥施用变化率	−0.019	−0.041	−0.062	−0.093	−0.128	−0.181	−0.213	−0.236	0.122
GDP 增长率	0.072	0.155	0.241	0.366	0.488	0.690	0.817	1.228	0.507
人口增长率	0.004	0.008	0.013	0.020	0.028	0.041	0.050	0.084	0.031
城镇生活污水产生系数	0.060	0.069	0.076	0.093	0.110	0.139	0.150	0.376	0.134
农村生活污水产生系数	0.083	0.091	0.092	0.104	0.115	0.136	0.138	0.233	0.124
城镇人均生活用水量	0.452	0.520	0.562	0.679	0.792	0.994	1.064	1.755	0.852

根据灵敏度计算结果，设定灵敏度分级标准如下：$0 \leqslant |S| < 0.05$ 代表不灵敏，$0.05 \leqslant |S| < 0.2$ 代表中等程度灵敏，$0.2 \leqslant |S| < 1$ 代表灵敏，$|S| \geqslant 1$ 代表较高程度灵敏。由此判定，牛数量增长率、羊数量增长率、猪数量增长率、家禽数量增长率、人口增长率为不灵敏参数，氮肥施用变化

率、城镇生活污水产生系数、农村生活污水产生系数为中等灵敏参数，有效灌溉面积增长率、GDP 增长率、城镇人均生活用水量为灵敏参数。

为直观展现模型参数变化对水资源系统的影响，采用 Vensim 界面中的灵敏度分析对具有显著作用的因素采取进一步的分析。设定采样次数为 200 次，同时设定参数的变动区间对其进行检验。

（1）经济因素

经济因素是影响水资源利用的重要因素，在此选用 GDP 增长率代表经济因素，将其变动区间设置为 0.07~0.10，相应的灵敏度结果见图 7.8。图 7.8（a）反映了 2012—2030 年经济因素对工业增加值的影响，结果显示工业增加值有 50% 的概率在 200 000 亿元和 620 000 亿元之间变动，75% 的概率在 200 000 亿元和 650 000 亿元之间变动，95% 的概率在 200 000 亿元和 700 000 亿元之间变动，100% 的可能性变化范围与 95% 的基本一致。图 7.8（b）显示了研究期内经济因素对工业用水量的影响。随着经济的发展，工业用水量有 50% 的概率在 650 亿 m^3 和 1 400 亿 m^3 之间变动，75%、95% 及 100% 的概率在 600 亿 m^3 和 1 400 亿 m^3 之间变动。图 7.8（c）显示直接用水量有 50% 的概率在 5 800 亿 m^3 和 6 400 亿 m^3 之间变动，在 75%、95% 及 100% 的概率下变化不大。图 7.8（d）和图 7.8（e）分别显示经济因素对工业氨氮排放和工业 COD 排放的影响，其中经济因素对工业氨氮排放的影响不大，而工业 COD 排放量有 50% 的概率在 50 万吨和 140 万吨之间变动，在 75%、95% 及 100% 的概率下变化不大。图 7.8（f）、图 7.8（g）、图 7.8（h）分别显示经济因素对灰水产生量、总需水量及水资源负债的影响，可以看出 50% 的概率下，灰水产生量在 1 300 亿 m^3 和 1 800 亿 m^3 之间变动，在 75%、95% 及 100% 的概率下变化不大；总需水量有 50% 的概率在 7 000 亿 m^3 和 8 100 亿 m^3 之间变动，在 75%、95% 及 100% 的概率下变化较小；水资源负债有 50% 的概率在 0 和 1 750 亿 m^3 之间变动，在 75%、95% 及 100% 的概率下变化较小。

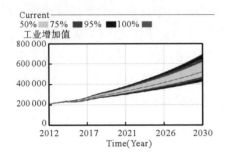

（a） 经济因素对工业增加值的影响

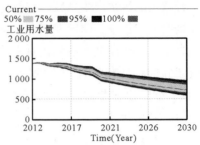

（b） 经济因素对工业用水量的影响

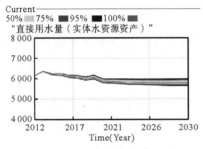

（c） 经济因素对直接用水量
（实体水资源资产）的影响

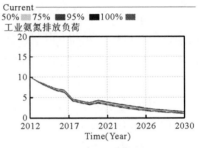

（d） 经济因素对工业
氨氮排放负荷的影响

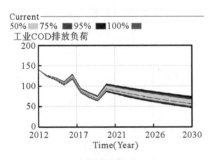

（e） 经济因素对工业
COD 排放负荷的影响

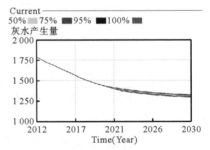

（f） 经济因素对灰水
产生量的影响

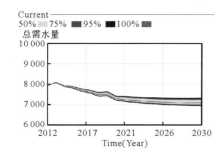
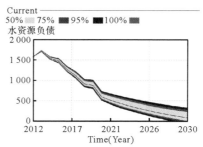

（g）经济因素对总需水量的影响　（h）经济因素对水资源负债的影响

图 7.8　经济因素的灵敏度分析

　　根据上述分析，以 GDP 增长率表示的经济因素的变动情况，对工业增加值产生较大的影响，从而导致工业用水量、工业氨氮排放负荷及工业 COD 排放负荷发生一定程度的变动。由于工业 COD 和氨氮较易处理，相对于灰水产生量，经济因素对直接用水量的影响略大，最终影响总需水量，在可供水量确定的情况下，使得水资源负债实物量随之发生波动。

　　（2）技术因素

　　技术因素在水资源利用中同样发挥着不可忽视的作用，选用氮肥施用变化率代表技术因素，将其变动区间设置为 -0.07 ~ -0.01，模型的灵敏度结果见图 7.9。图 7.9（a）为技术因素对农业氮肥施用折纯量的影响，农业氮肥施用折纯量有 50% 的概率在 850 万吨和 2 400 万吨之间变动，75% 的概率在 800 万吨和 2 400 万吨之间变动，95% 的概率在 700 万吨和 2 400 万吨之间变动，100% 的可能性变化范围与 95% 的基本一致。图 7.9（b）表示技术因素对灰水产生量的影响，灰水产生量有 50% 概率在 1 300 亿 m³ 和 1 800 亿 m³ 之间变动，95% 的概率在 1 350 亿 m³ 和 1 800 亿 m³ 之间变动。图 7.9（c）和图 7.9（d）显示，技术因素的变化对总需水量的影响不大，总需水量在 50% 的概率下在 7 100 亿 m³ 和 8 100 亿 m³ 之间变动，在 75%、95% 及 100% 的概率下变化较小；随着技术因素的变化，水资源负债有 50% 的概率在 150 亿 m³ 和 1 750 亿 m³ 之间变动，在 75%、95% 及 100% 的概率下变化不大。

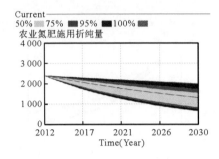
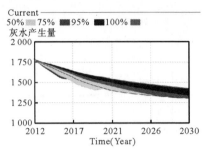

（a）技术因素对农业氮肥施用折纯量的影响　（b）技术因素对灰水产生量的影响

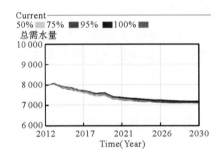
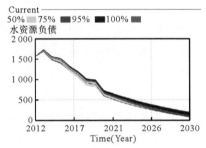

（c）技术因素对总需水量的影响　（d）技术因素对水资源负债的影响

图 7.9　技术因素的灵敏度分析

　　相较于经济因素，以氮肥施用变化率表征的技术因素的变动对水资源负债的影响程度略弱，这与参数灵敏度判别因子计算得到的结论一致。相较于工业污染和生活污染，农业污染范围比较分散且分布范围广。在技术因素作用下，氮肥使用变化率的变动对农业氮肥施用折纯量带来直接影响，导致灰水产生量出现变动，但总体上对总需水量和水资源负债产生的影响较小。

　　（3）居民用水行为

　　选用城镇人均用水量代表居民用水行为，将城镇人均用水量的变动区间范围设定为 0.006～0.009，模型的灵敏度结果见图 7.10。图 7.10（a）和图 7.10（b）分别为居民用水行为变化对城镇生活用水量和直接用水量的影响，城镇生活用水量和直接用水量有 50% 的概率分别在 500 亿 m³ 和 1 000 亿 m³ 及 5 600 亿 m³～6 400 亿 m³ 之间变动，在 75%、95%、100% 的概率下两个变量的变化幅度不大。图 7.10（c）展示了居民用水行为对城镇生活污水产生量的影响，城镇生活污水产生量有 50% 的概率在 400 亿 m³ 和

830 亿 m³ 之间变动，75%、95% 以及 100% 的概率在 350 亿 m³ 和 900 亿 m³ 之间变动。图 7.10（d）和图 7.10（e）分别表示城镇人均用水量对城镇生活污水 COD 及氨氮排放负荷的影响，随着城镇人均用水量的改变，城镇生活污水 COD 排放负荷有 50% 的概率在 320 万吨和 470 万吨之间变动，有 75% 的概率在 310 万吨和 480 万吨之间变动，在 95% 和 100% 的概率下在 290 万吨和 490 万吨之间变动；城镇生活污水氨氮排放负荷有 50% 的概率在 27 万吨和 47 万吨之间变动，75% 的概率在 26 万吨和 48 万吨之间变动，95% 和 100% 的概率在 25 万吨和 49 万吨之间变动。图 7.10（f）、图 7.10（g）、图 7.10（h）分别显示用水行为因素对灰水产生量、总需水量及水资源负债的影响，可以看出灰水产生量有 50% 的概率在 1 200 亿 m³ 和 1 800 亿 m³ 之间变动，在 75%、95% 及 100% 的概率下变化不大；总需水量有 50% 的概率在 6 800 亿 m³ 和 8 200 亿 m³ 之间变动，在 75%、95% 及 100% 的概率下变化较小；水资源负债有 50% 的概率在 0 和 1 800 亿 m³ 之间变动，在 75%、95% 及 100% 的概率下变化较小。

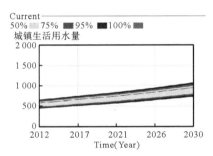

（a）用水行为对城镇
生活用水量的影响

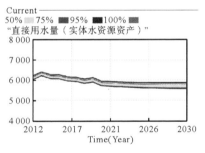

（b）用水行为对直接用水量
（实体水资源资产）的影响

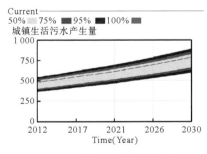

（c）用水行为对城镇生活
污水产生量的影响

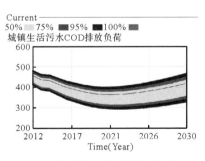

（d）用水行为对城镇生活
污水 COD 排放负荷的影响

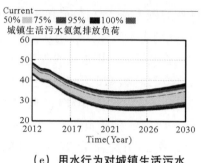

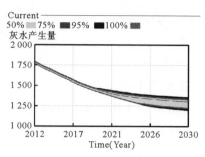

（e）用水行为对城镇生活污水
氨氮排放负荷的影响

（f）用水行为对灰水
产生量的影响

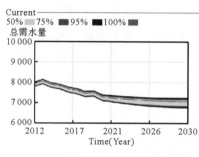

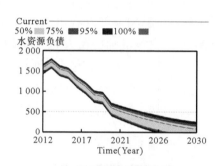

（g）用水行为对总需
水量的影响

（h）用水行为对水
资源负债的影响

图7.10　居民用水行为的灵敏度分析

　　以城镇人均用水量表征的居民用水行为的变化引起城镇用水量和直接用水量变动的同时，还会影响城镇生活污水产生量，并导致城镇生活污水COD和氨氮排放负荷发生变动，进而间接影响灰水产生量。在可供水量确定的情况下，水资源负债随着居民用水行为的变化而产生波动。

　　综合以上分析，经济因素及居民用水行为对水资源负债灵敏程度为灵敏，技术因素对水资源负债灵敏程度为中等灵敏。在情景方案设计中，应重点考虑灵敏程度高的影响因素。通过对构建的水资源利用系统动力学模型进行系统、全面的检验，可将其用于探讨水资源利用决策的模拟分析之中。

第三节　不同发展模式下的情景模拟与分析

一、不同发展模式下的情景方案设计

情景分析法又称为前景描述法，在实际运用中较为广泛，属于一种策略管理技术，即经过考虑分析各种结果及其影响，帮助决策者做出更科学的选择。根据所建立的水资源利用系统动力学模型的特征，综合模型有效性检验结果，选定 GDP 增长率等五个调节变量进行组合设置，设计六种发展模式，对 2021—2030 年间我国的水资源资产及负债的变化趋势进行动态仿真预测。六种情景下的仿真方案分别为现状延续型方案、经济发展型方案、资源节约型方案、环境友好型方案、政府规划型方案和协调发展型方案。具体设定方式如下：

（1）现状延续型方案

假定未来我国水资源的利用按照现有发展模式，即所有决策变量参数维持历史期间平均水平，即 GDP 增长率、城镇人均生活用水量、城镇/农村生活污水产生系数、有效灌溉面积增长率等参数保持历史期间平均水平。现状延续型方案反映在当前情况下实体水资源资产及水资源负债的变动趋势，作为其他方案的参照组，与不同政策下实体水资源资产及水资源负债的变化形成对比。

（2）经济发展型方案

经济发展型方案是以促进产业发展作为首要发展任务，在政策制定时需要向经济发展方面倾斜，投入更多的财力和物力，因此将参数做出如下调整：将 GDP 增长率设定为 2012—2020 年期间 GDP 增长率的最大值，同时将城镇人均生活用水量、城镇生活污水产生系数、农村生活污水产生系数设定为 2012—2020 年期间的最大值，有效灌溉面积增长率设定为历史期间平均水平。

（3）资源节约型方案

资源节约型方案的宗旨是以节约水资源为出发点，尽可能减少对水资源的消耗，因此将参数做出如下调整：将城镇人均生活用水量设定为 2012—2020 年期间城镇人均生活用水量的最小值，将 GDP 增长率、城镇生活污水产生系数、农村生活污水产生系数及有效灌溉面积增长率等参数设定为历史期间平均值。

（4）环境友好型方案

环境友好型方案要求将生态环境保护作为重点，减轻对水环境带来的负面影响，提高水环境质量，因此将参数做出如下调整：将城镇生活污水产生系数和农村生活污水产生系数设定为2012—2020年期间城镇/农村生活污水产生系数的最小值，将GDP增长率等其余参数设定为历史期间平均值。

（5）政府规划型方案

在政府规划型方案中，政府通过制定相应的发展目标作为未来发展依据。经计算，2012—2020年期间有效耕地灌溉面积增长率呈现出波动下降趋势。在该情境下，将参数做出如下调整：将有效灌溉面积增长率设定为2012—2020年期间有效灌溉面积增长率的最小值，将GDP增长率等其余参数设定为历史期间平均值。

（6）协调发展型方案

协调发展型方案要求考虑可持续发展的前提下，不以牺牲水资源环境的利益为前提，适当放缓经济增长速度。在该情境下，将参数做出如下调整：将GDP增长率设定为历史期间平均值，将城镇人均生活用水量、城镇/农村生活污水产生系数、有效灌溉面积增长率设定为历史期间的最小值。

根据上述情景设定要求的描述，本研究采用的六种仿真方案调节变量参数设定，结果详见表7.3所示。

表7.3 不同方案下决策变量的取值

决策变量	单位	现状延续型	经济发展型	资源节约型	环境友好型	政府规划型	协调发展型
GDP增长率	%	8.26%	11.47%	8.26%	8.26%	8.26%	8.26%
城镇人均生活用水量	$L \cdot d^{-1}$	217	225	207	217	217	207
城镇生活污水产生系数	万吨·（亿 m^3）$^{-1}$	0.83	0.88	0.83	0.80	0.83	0.80
农村生活污水产生系数	万吨·（亿 m^3）$^{-1}$	0.27	0.36	0.27	0.21	0.27	0.21
有效灌溉面积增长率	%	1.28%	1.28%	1.28%	1.28%	1.01%	1.01%

二、各方案模拟结果

根据水资源利用系统流图,将对水资源利用具有显著影响的关键指标代入系统模型中进行动态仿真模拟,比较六种仿真方案中关键指标的变动趋势,并对仿真结果进行分析。为了更好地与历史数据形成对比,将历史期间(2012—2020年)与模拟期间(2021—2030年)的结果一同输出。

(一)现状延续型方案

现状延续型方案的决策变量以现状平均水平为基础,在工业子系统方面的模拟结果显示 GDP 由 2021 年的 1 099 872.91 亿元提高至 2030 年的 2 246 129.51亿元,增速与历史阶段基本一致,见图 7.11。同时,在技术水平的提升下,模拟期内工业用水量呈减少趋势,由 993.53 亿 m³ 降低至 714.83 亿 m³;工业氨氮排放负荷与工业 COD 排放负荷均呈减少趋势,分别由 3.36 万吨、88.78 万吨降至 1.14 万吨、55.90 万吨。

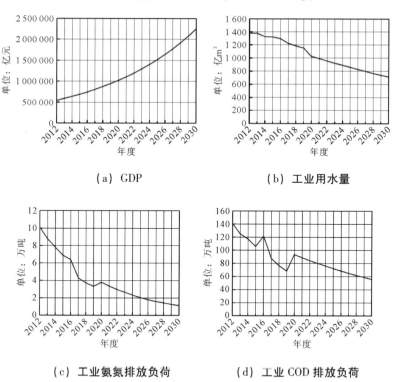

(a) GDP   (b) 工业用水量

(c) 工业氨氮排放负荷   (d) 工业 COD 排放负荷

图 7.11 现状延续型方案下工业子系统仿真结果

在生活子系统方面，现状延续型方案模拟结果显示，模拟期内城镇生活用水量、城镇生活污水产生量分别由 2021 年的 735.92 亿 m^3、611.86 亿 m^3 增至 2030 年的 945.94 亿 m^3、786.47 亿 m^3，见图 7.12。相比之下污染物排放负荷波动较小，生活污水氨氮排放负荷由 46.12 万吨降至 43.21 万吨、生活污水 COD 排放负荷由 487.17 万吨增至 492.00 万吨。

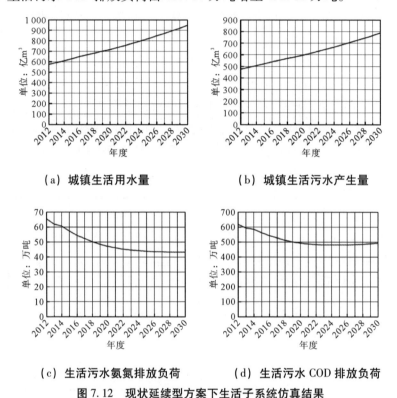

（a）城镇生活用水量　　　　　（b）城镇生活污水产生量

（c）生活污水氨氮排放负荷　　　（d）生活污水 COD 排放负荷

图 7.12　现状延续型方案下生活子系统仿真结果

在农业子系统方面，现状延续型方案模拟结果显示，模拟期内耕地灌溉面积由 2021 年的 70 042.00 千公顷增加至 2030 年的 78 507.00 千公顷，灌溉用水量及农业用水量呈现出减少趋势，分别由 3 681.00 亿 m^3、3 761.00 亿 m^3 降至 3 579.00 亿 m^3、3 654.00 亿 m^3，见图 7.13。总体而言，现状延续型方案下的农业用水压力依然存在。

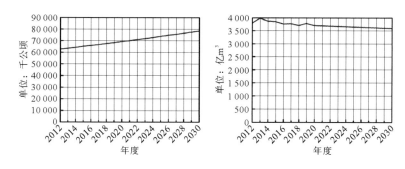

（a）耕地灌溉面积   （b）灌溉用水量

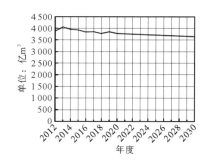

（c）农业用水量

图 7.13　现状延续型方案下农业子系统仿真结果

现状延续型方案下，实体水资源资产与水资源负债在总体上呈现出下降趋势。模拟结果显示，模拟期内实体水资源资产将出现缓慢下降，从 2029 年开始将有所提升，至 2030 年实体水资源资产为 5 772.00 亿 m^3，人均实体水资源资产为 389.71m^3，见图 7.14。尽管水资源负债水平在模拟期内出现明显下降趋势，至 2030 年水资源负债为 44.65 亿 m^3，水资源负债强度为 0.20m^3/万元，但是现状延续型方案下水资源仍无法承载社会经济发展的需求，难以实现水资源可持续利用的目标。

（二）经济发展型方案

经济发展型方案中，在工业子系统方面的模拟结果显示 GDP 增长态势强劲，由 2021 年的 1 431 560.78 亿元提高至 2030 年的 3 805 128.81 亿元，见图 7.15。同时，在技术进步的前提下，模拟期内工业用水量呈减少趋势，由 1 293.00 亿 m^3 降低至 1 210.00 亿 m^3；工业氨氮排放负荷与工业 COD 排放负荷均呈减少趋势，分别由 4.37 万吨、115.55 万吨降至 1.93 万吨、94.71 万吨。

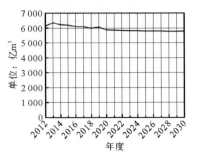

（a）实体水资源资产

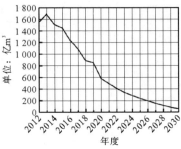

（b）水资源负债

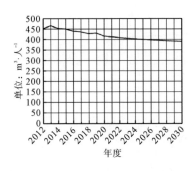

（c）人均实体水资源资产

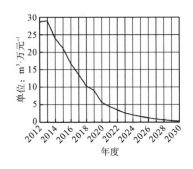

（d）水资源负债强度

图 7.14　现状延续型方案下水资源环境子系统仿真结果

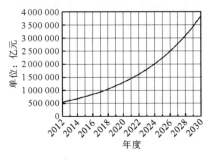

（a）GDP

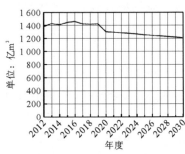

（b）工业用水量

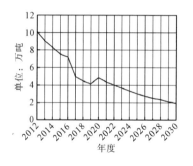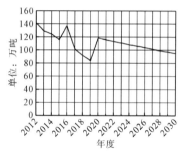

（c）工业氨氮排放负荷　　　　（d）工业 COD 排放负荷

图 7.15　经济发展型方案下工业子系统仿真结果

在生活子系统方面，经济发展型方案模拟结果显示，模拟期内城镇生活用水量、城镇生活污水产生量分别由 2021 年的 761.89 亿 m^3、668.10 亿 m^3 增至 2030 年的 979.31 亿 m^3、858.76 亿 m^3，见图 7.16。相比之下污染物排放负荷波动较小，生活污水氨氮排放负荷由 53.26 万吨降至 48.98 万吨、生活污水 COD 排放负荷由 557.02 万吨增至 552.77 万吨。

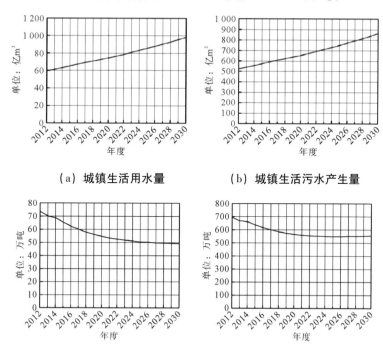

（a）城镇生活用水量　　　　　（b）城镇生活污水产生量

（c）生活污水氨氮排放负荷　　　（d）生活污水 COD 排放负荷

图 7.16　经济发展型方案下生活子系统仿真结果

在农业子系统方面，经济发展型方案模拟结果显示，模拟期内耕地灌溉面积由 2021 年的 70 042.00 千公顷增加至 2030 年的 78 507.00 千公顷，灌溉用水量及农业用水量呈现出减少趋势，分别由 3 681.00 亿 m^3、3 761.00 亿 m^3 降至 3 579.00 亿 m^3、3 654.00 亿 m^3，见图 7.17。总体而言，经济发展型方案下的农业用水压力依然存在。

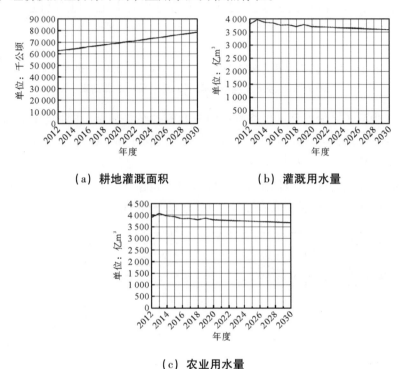

(a) 耕地灌溉面积　　　　(b) 灌溉用水量

(c) 农业用水量

图 7.17　经济发展型方案下农业子系统仿真结果

经济发展型方案下模拟结果显示，模拟期内实体水资源资产呈现出上升趋势，至 2030 年实体水资源资产为 6 301.00 亿 m^3，人均实体水资源资产为 425.46m^3，表明在经济发展型模式下过快追求经济发展速度与发展规模将会导致对水资源的需求加剧，见图 7.18。尽管水资源负债水平出现一定程度的下降趋势，但水资源负债水平仍然较高，至 2030 年水资源负债为 689.17 亿 m^3，水资源负债强度为 1.81m^3/万元。相比于现状延续型方案，经济发展型方案的水资源负债水平明显较高，并且至 2030 年水资源负债仍超过 600 亿 m^3。该方案下的水资源负债变动趋势表明过快追求经济发展速度与发展规模会进一步加剧水环境污染及对水资源的需求，与最严格水资源管理制度背道而驰。

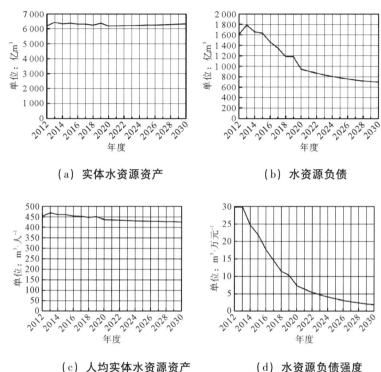

（a）实体水资源资产 　　　　（b）水资源负债

（c）人均实体水资源资产 　　　（d）水资源负债强度

图 7.18　经济发展型方案下水资源环境子系统仿真结果

（三）资源节约型方案

资源节约型方案中，在工业子系统方面的模拟结果显示 GDP 由 2021 年的 1 099 872.91 亿元提高至 2030 年的 2 246 129.51 亿元，见图 7.19。同时，模拟期内工业用水量呈减少趋势，由 993.53 亿 m³ 降低至 714.83 亿 m³；工业氨氮排放负荷与工业 COD 排放负荷均呈减少趋势，分别由 3.36 万吨、88.78 万吨降至 1.14 万吨、55.90 万吨。

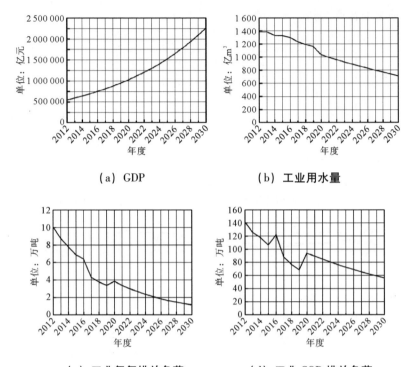

（a）GDP   （b）工业用水量

（c）工业氨氮排放负荷   （d）工业 COD 排放负荷

图 7.19　资源节约型方案下工业子系统仿真结果

在生活子系统方面，资源节约型方案模拟结果显示，模拟期内城镇生活用水量、城镇生活污水产生量分别由 2021 年的 700.93 亿 m³、582.76 亿 m³ 增至 2030 年的 900.97 亿 m³、749.07 亿 m³，见图 7.20。相比之下污染物排放负荷波动较小，生活污水氨氮排放负荷由 44.99 万吨降至 41.72 万吨、生活污水 COD 排放负荷由 473.00 万吨增至 473.47 万吨。

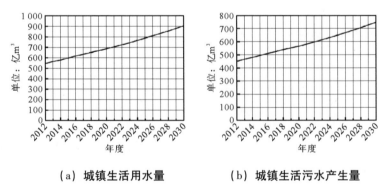

（a）城镇生活用水量   （b）城镇生活污水产生量

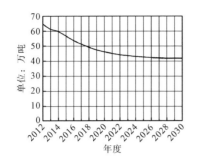 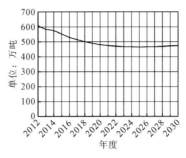

（c）生活污水氨氮排放负荷　　（d）生活污水 COD 排放负荷

图 7.20　资源节约型方案下生活子系统仿真结果

在农业子系统方面，资源节约型方案模拟结果显示，模拟期内耕地灌溉面积由 2021 年的 70 042.00 千公顷增至 2030 年的 78 507.00 千公顷，灌溉用水量及农业用水量呈现减少趋势，分别由 3 681.00 亿 m³、3 761.00 亿 m³ 降至 3 579.00 亿 m³、3 654.00 亿 m³，见图 7.21。

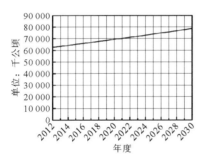 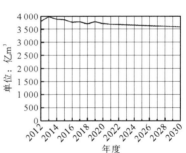

（a）耕地灌溉面积　　　　　　　（b）灌溉用水量

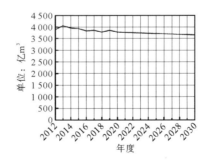

（c）农业用水量

图 7.21　资源节约型方案下农业子系统仿真结果

资源节约型方案下，实体水资源资产与水资源负债在总体上呈现出下降趋势。模拟结果显示，模拟期内实体水资源资产将出现缓慢下降，至2029年降至研究期内最小值，为 5 724.00 亿 m³，从 2030 年开始将有所提升，为 5 727.00 亿 m³，此时的人均实体水资源资产为 386.67m³，见图7.22。在资源节约型模式下，实体水资源资产水平明显低于现状实体水资源资产水平。水资源负债水平下降明显，至 2030 年水资源负债降至 0，表明资源节约型方案能在一定程度上缓解缺水与水污染情况。

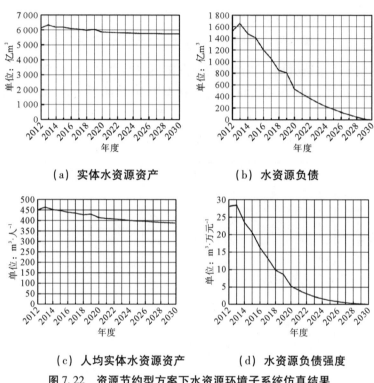

（a）实体水资源资产　　　　　　（b）水资源负债

（c）人均实体水资源资产　　　　（d）水资源负债强度

图 7.22　资源节约型方案下水资源环境子系统仿真结果

（四）环境友好型方案

环境友好型方案中，在工业子系统方面的模拟结果显示 GDP 由 2021 年的 1 099 872.91 亿元提高至 2030 年的 2 246 129.51 亿元，见图 7.23。同时，模拟期内工业用水量呈减少趋势，由 993.53 亿 m³ 降低至 714.83 亿 m³；工业氨氮排放负荷与工业 COD 排放负荷均呈减少趋势，分别由 3.36 万吨、88.78 万吨降至 1.14 万吨、55.90 万吨。

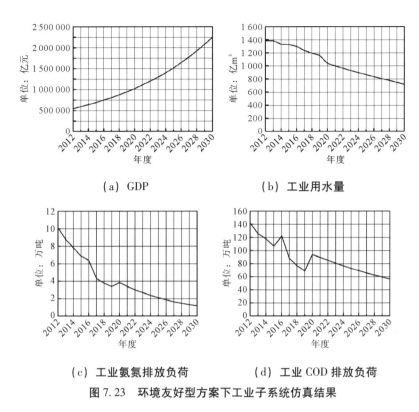

（a）GDP

（b）工业用水量

（c）工业氨氮排放负荷

（d）工业 COD 排放负荷

图 7.23 环境友好型方案下工业子系统仿真结果

在生活子系统方面，环境友好型方案模拟结果显示，模拟期内城镇生活用水量、城镇生活污水产生量分别由 2021 年的 735.92 亿 m³、585.53 亿 m³ 增至 2030 年的 945.94 亿 m³、752.63 亿 m³，见图 7.24。相比之下污染物排放负荷波动较小，生活污水氨氮排放负荷由 41.96 万吨降至 40.02 万吨、生活污水 COD 排放负荷由 447.51 万吨增至 459.46 万吨。

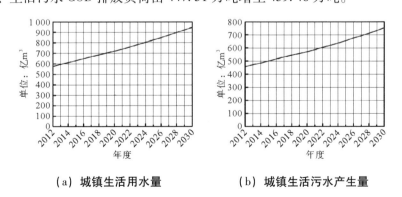

（a）城镇生活用水量

（b）城镇生活污水产生量

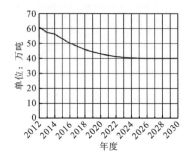 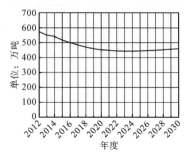

（c）生活污水氨氮排放负荷　　　（d）生活污水 COD 排放负荷

图 7.24　环境友好型方案下生活子系统仿真结果

　　在农业子系统方面，环境友好型方案模拟结果显示，模拟期内耕地灌溉面积由 2021 年的 70 042.00 千公顷增至 2030 年的 78 507.00 千公顷，灌溉用水量及农业用水量呈现减少趋势，分别由 3 681.00 亿 m³、3 761.00 亿 m³降至 3 579.00 亿 m³、3 654.00 亿 m³，见图 7.25。

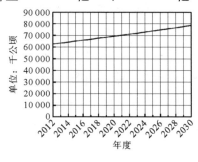 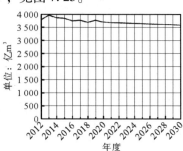

（a）耕地灌溉面积　　　　　　　（b）灌溉用水量

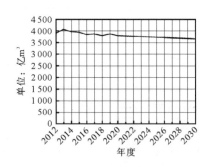

（c）农业用水量

图 7.25　环境友好型方案下农业子系统仿真结果

环境友好型方案下，实体水资源资产与水资源负债在总体上呈现出下降趋势。模拟结果显示，模拟期内实体水资源资产将出现缓慢下降，至2028年降至研究期内最小值，为 5 767.00 亿 m^3，从 2029 年开始将有所提升，2030 年水资源资产为 5 772.00 亿 m^3，此时的人均实体水资源资产为 389.71m^3，见图 7.26。水资源负债水平下降明显，至 2030 年水资源负债降至 7.03 亿 m^3，水资源负债强度为 0.03m^3/万元。

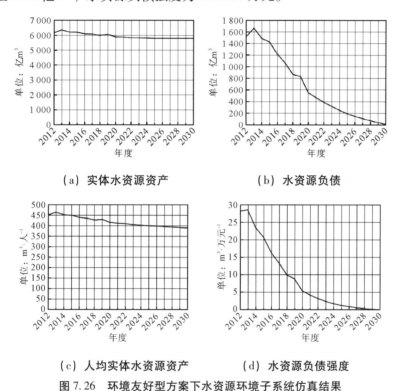

（a）实体水资源资产　　　　　（b）水资源负债

（c）人均实体水资源资产　　　　（d）水资源负债强度

图 7.26　环境友好型方案下水资源环境子系统仿真结果

（五）政府规划型方案

政府规划型方案中，在工业子系统方面的模拟结果显示 GDP 由 2021 年的 1 099 872.91 亿元提高至 2030 年的 2 246 129.51 亿元，见图 7.27。同时，模拟期内工业用水量呈减少趋势，由 993.53 亿 m^3 降低至 714.83 亿 m^3；工业氨氮排放负荷与工业 COD 排放负荷均呈减少趋势，分别由 3.36 万吨、88.78 万吨降至 1.14 万吨、55.90 万吨。

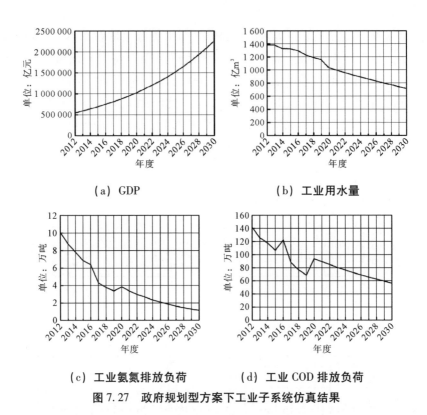

（a）GDP

（b）工业用水量

（c）工业氨氮排放负荷

（d）工业 COD 排放负荷

图 7.27　政府规划型方案下工业子系统仿真结果

在生活子系统方面，政府规划型方案模拟结果显示，模拟期内城镇生活用水量、城镇生活污水产生量分别由 2021 年的 735.92 亿 m³、611.86 亿 m³ 增至 2030 年的 945.94 亿 m³、786.47 亿 m³，见图 7.28。相比之下污染物排放负荷波动较小，生活污水氨氮排放负荷由 46.12 万吨降至 43.21 万吨、生活污水 COD 排放负荷由 487.17 万吨增至 492.00 万吨。

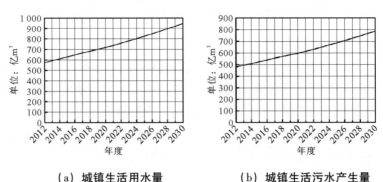

（a）城镇生活用水量

（b）城镇生活污水产生量

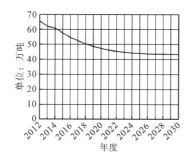 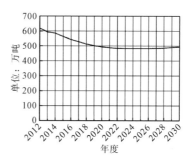

（c）生活污水氨氮排放负荷　　　（d）生活污水 COD 排放负荷

图 7.28　政府规划型方案下生活子系统仿真结果

在农业子系统方面，政府规划型方案模拟结果显示，模拟期内耕地灌溉面积由 2021 年的 68 377.00 千公顷增至 2030 年的 74 819.00 千公顷，灌溉用水量及农业用水量呈现减少趋势，分别由 3 594.00 亿 m^3、3 674.00 亿 m^3 降至 3 411.00 亿 m^3、3 486.00 亿 m^3，见图 7.29。

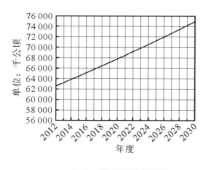 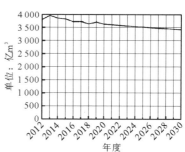

（a）耕地灌溉面积　　　　　　（b）灌溉用水量

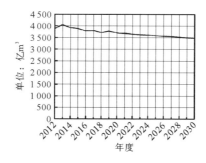

（c）农业用水量

图 7.29　政府规划型方案下农业子系统仿真结果

政府规划型方案下，实体水资源资产与水资源负债在总体上呈现出下降趋势。模拟结果显示，模拟期内实体水资源资产将出现缓慢下降，至2030年水资源资产为 5 604.00 亿 m³，此时的人均实体水资源资产为 378.35m³，见图 7.30。水资源负债水平下降明显，至 2028 年水资源负债降为 0。

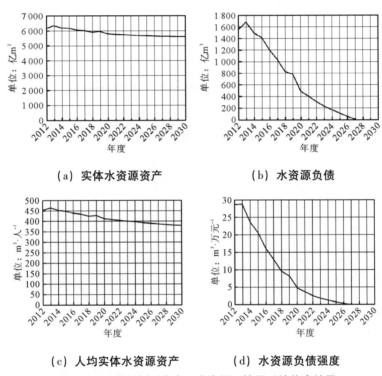

（a）实体水资源资产   （b）水资源负债

（c）人均实体水资源资产   （d）水资源负债强度

图 7.30 政府规划型方案下水资源环境子系统仿真结果

（六）协调发展型方案

协调发展型方案中，在工业子系统方面的模拟结果显示 GDP 由 2021 年的 1 099 872.91 亿元提高至 2030 年的 2 246 129.51 亿元，见图 7.31。同时，模拟期内工业用水量呈减少趋势，由 993.53 亿 m³ 降至 714.83 亿 m³；工业氨氮排放负荷与工业 COD 排放负荷呈减少趋势，分别由 3.36 万吨、88.78 万吨降至 1.14 万吨、55.90 万吨。

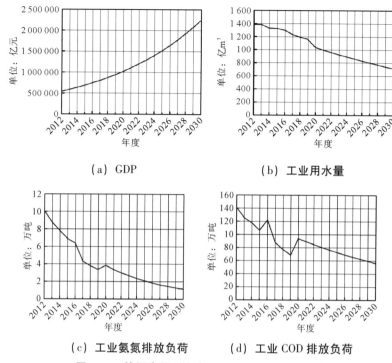

(a) GDP   (b) 工业用水量

(c) 工业氨氮排放负荷   (d) 工业 COD 排放负荷

图 7.31　协调发展型方案下工业子系统仿真结果

在生活子系统方面,协调发展型方案模拟结果显示,模拟期内城镇生活用水量、城镇生活污水产生量分别由 2021 年的 700.93 亿 m³、557.69 亿 m³ 增至 2030 年的 900.97 亿 m³、716.84 亿 m³,见图 7.32。相比之下污染物排放负荷波动较小,生活污水氨氮排放负荷由 40.88 万吨降至 38.61 万吨、生活污水 COD 排放负荷由 433.94 万吨增至 441.73 万吨。

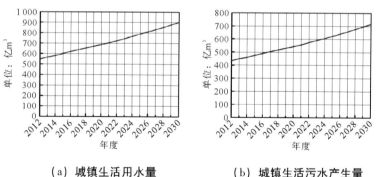

(a) 城镇生活用水量   (b) 城镇生活污水产生量

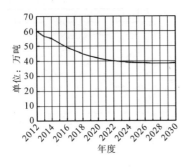

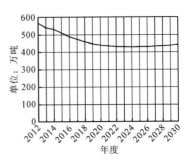

（c）生活污水氨氮排放负荷　　　　（d）生活污水 COD 排放负荷

图 7.32　协调发展型方案下生活子系统仿真结果

　　在农业子系统方面，协调发展型方案模拟结果显示，模拟期内耕地灌溉面积由 2021 年的 68 377.00 千公顷增至 2030 年的 74 819.00 千公顷，灌溉用水量及农业用水量呈现减少趋势，分别由 3 594.00 亿 m³、3 674.00 亿 m³ 降至 3 411.00 亿 m³、3 486.00 亿 m³，见图 7.33。

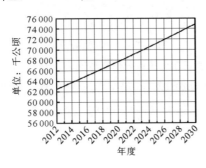

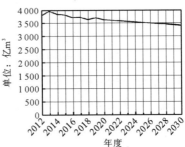

（a）耕地灌溉面积　　　　　　　（b）灌溉用水量

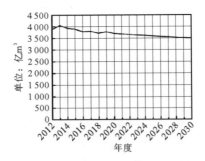

（c）农业用水量

图 7.33　协调发展型方案下农业子系统仿真结果

协调发展型方案下，实体水资源资产与水资源负债在总体上呈现出下降趋势。协调发展型模式在维持经济平稳发展的同时，兼顾了资源节约、环境保护以及政府规划，故该模式下的实体水资源资产最低。模拟结果显示，模拟期内实体水资源资产将出现缓慢下降，至 2030 年水资源资产为 5 559.00亿 m³，此时的人均实体水资源资产为 375.32m³，见图 7.34。协调发展型方案在维持经济水平平稳增长的前提下，放缓了经济发展速度，加强环境治理，逐步降低水资源负债水平，至 2026 年水资源负债降为 0。

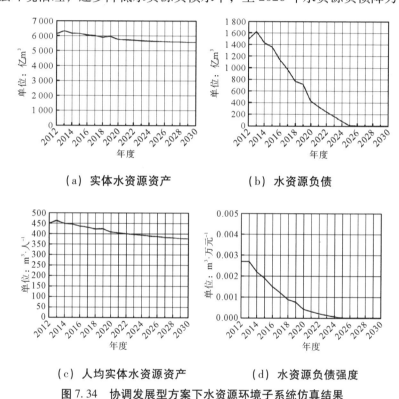

（a）实体水资源资产　　　　　　（b）水资源负债

（c）人均实体水资源资产　　　　　（d）水资源负债强度

图 7.34　协调发展型方案下水资源环境子系统仿真结果

三、最优路径选择分析

根据仿真结果可以看出，在经济发展型方案下的实体水资源资产水平明显高于现状延续型方案下的实体水资源资产水平，在环境友好型方案下的实体水资源资产水平与现状延续型方案下的实体水资源资产水平持平，在资源节约型和政府规划型方案下的实体水资源资产水平均低于现状延续型方案下的实体水资源资产水平，协调发展型方案下的实体水资源资产水平最低。

通过比较上述六种方案可知，模拟期内若采用现状延续型、经济发展型和环境友好型三种方案之一，至 2030 年仍存在水资源负债，水资源无法承载社会经济发展的需求，不利于实现水资源可持续利用的目标。在资源节约型、政府规划型及协调发展型三种方案下，水资源的利用对环境影响程度将降至最低。在模拟期内若采用资源节约型方案，至 2030 年可实现水资源负债为零；若采用政府规划型方案，至 2028 年可实现水资源负债为零，若采用协调发展型方案，可率先在 2026 年达到水资源负债为零这一目标。考虑到模拟期内不同方案发挥的功效作用不同，从实际需要的角度出发，对模拟期内不同方案进行整体比较，以确定最优路径。

资产负债率指标是资源控制主体所拥有的总资产中债务占有的比重，是重要的偿债能力指标。该指标数值越大，总资产中的债务量越大，偿债压力也就越大；反之，该比重越小，则偿债压力越小，资源控制主体拥有的资产净值也就越大，如果从财务状况角度来观察，表示财务安全性越高。不同于传统企业会计，水资源资产负债率指标衡量的是水资源利用对自然水循环的干扰程度。该指标值越低，说明水资源利用对自然水循环的负面作用越小。根据实体水资源资产及水资源负债的测算结果，计算出 2021—2030 年不同方案下的水资源资产负债率模拟结果，进而对六种仿真方案下的水资源利用发展演变趋势做出客观评价，并为模拟期内最优路径选择提供决策依据。六种方案对应的水资源资产负债率的变动趋势，见图 7.35 所示。

在模拟期内，不同仿真方案下的水资源利用模拟结果呈现出明显的差异，但在六种方案下的水资源资产负债率均低于 15%，且呈现出逐年降低的趋势。根据水资源资产负债率的变动情况，计算多年平均水资源资产负债率并进行排序，各方案的平均水资源资产负债率从高到低依次为经济发展型>现状延续型>环境友好型>资源节约型>政府规划型>协调发展型。

综合情景仿真模拟结果，如果按照现行状况继续发展，在 2030 年无法实现最严格水资源管理的目标。单一的政策方案如过快追求经济发展速度与发展规模，将不利于实现社会经济与水资源系统的协调发展，建议实行组合政策，在放缓社会经济发展进程的同时，在提升水资源利用效率、加大水污染治理力度、提高企业及公众环保意识等方面多管齐下，实现最严格水资源管理下的水资源可持续发展。

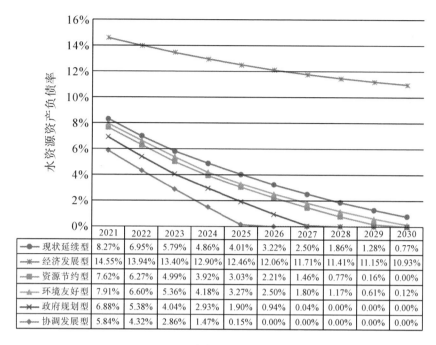

	2021	2022	2023	2024	2025	2026	2027	2028	2029	2030
现状延续型	8.27%	6.95%	5.79%	4.86%	4.01%	3.22%	2.50%	1.86%	1.28%	0.77%
经济发展型	14.55%	13.94%	13.40%	12.90%	12.46%	12.06%	11.71%	11.41%	11.15%	10.93%
资源节约型	7.62%	6.27%	4.99%	3.92%	3.03%	2.21%	1.46%	0.77%	0.16%	0.00%
环境友好型	7.91%	6.60%	5.36%	4.18%	3.27%	2.50%	1.80%	1.17%	0.61%	0.12%
政府规划型	6.88%	5.38%	4.04%	2.93%	1.90%	0.94%	0.04%	0.00%	0.00%	0.00%
协调发展型	5.84%	4.32%	2.86%	1.47%	0.15%	0.00%	0.00%	0.00%	0.00%	0.00%

图 7.35　不同方案下水资源资产负债率

第四节　本章小结

本章利用 Vensim 软件建立水资源利用系统动力学模型，主要包括人口、种植业、畜禽养殖业、工业、生活以及水资源环境六个子系统，绘制水资源利用系统因果回路图和系统流图并编写方程。通过分析耕地灌溉面积等主要输出指标仿真值与实际值的误差，结果显示各变量的 MAPE 值均处于 0 和 20% 之间，模型拟合误差较小，表明所构建水资源利用系统动力学模型能够真实、准确反映现实系统的定量关系。结合模型有效性检验的结果，分析了六种发展模式下水资源资产及负债的仿真模拟趋势。根据仿真结果可以看出，在经济发展型模式下的实体水资源资产水平明显高于现状延续型下实体水资源资产水平，在环境友好型模式下的实体水资源资产水平与现状延续型模式下实体水资源资产水平持平，在资源节约型和政府规划型模式下的实体水资源资产水平均低于现状延续型模式下的实体水资源资产水平，协调发展型模式下的实体水资源资产水平最低。在现状延续型、经济发展型、环境友好型模式下，到 2030 年仍存在水资源负债，在资源节约型模式下到 2030 年可以实现水资源负债为零，政府规划型模式到 2028 年可实现水资源负债为零，协调发展型模式可率先在 2026 年达到水资源负债为零这一目标。在六种发展模式下，水资源资产负债率均低于 15%，且呈现出逐年降低的趋势。其中，在资源节约型、政府规划型和协调发展型模式下，出现水资源资产负债率为零的情况，表明在这三种模式下的水资源利用对环境影响程度将降至最低。单一的政策方案如过度追求经济发展速度与规模不利于实现社会经济与水资源系统的协调稳定发展，从资源、环境以及政府规划等方面采取相应政策是实现可持续发展的有效途径。

第八章 推行水资源资产及负债核算的对策建议

为加快生态文明建设、推动水资源的可持续利用、落实最严格水资源管理制度和领导干部自然资源资产离任审计工作，在各行政区域开展水资源资产及负债的核算工作已经刻不容缓。开展水资源资产及负债核算对于相关部门的整体、系统地规划水资源的管理起到至关重要的作用。结合目前水资源资产及负债核算研究中存在的主要问题，本章提出推行水资源资产及负债核算的对策建议，为进一步在各行政区域层面顺利开展水资源资产及负债核算工作提供有效的指导和借鉴。

第一节 推行水资源资产及负债核算的总体思路

为推行水资源资产负债核算在各行政区域层面开展，必须针对中国国情采取相应的措施。根据水资源资产及负债核算的研究经验，可以从政府管理、管理体制、数据体系、核算研究四方面采取推行水资源资产及负债核算的措施。具体而言：（1）在政府管理方面，明确政府在水资源管理与水资源资产及负债核算工作中的主体地位，强调水资源资产化管理；（2）在管理体制方面，通过完善水资源资产产权制度、协调发展所有权和管理权制度，对政府的权力和责任进行合理定位，确保监管和控制体系的有序运转；（3）在水资源统计数据方面，在提高水资源统计数据质量的前提下，完善水资源数据信息化程度，实现水资源管理水平和效率的提升，并形成动态的、实时性的信息决策系统；（4）在水资源系统核算研究方面，在深化水资源资产及负债核算研究的同时，完善水资源资产负债表编制，实现对水资源开发利用过程的多维呈现。

基于此，本章形成了多层次、立体化的推行水资源资产及负债核算的对策建议，见图8.1。在政府主导下，通过发挥政府水资源管理作用，健全水资源资产管理体制，完善水资源统计数据体系，推进水资源系统核算研究工作，以确保水资源资产及负债核算的顺利实施。

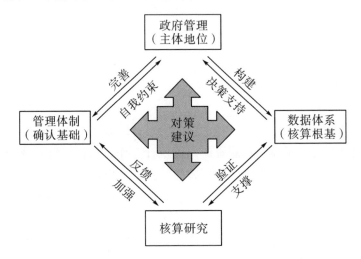

图8.1　推行水资源资产及负债核算的对策建议

第二节　发挥政府水资源管理作用

一、明确政府主体地位

过去我国在水资源开发和使用环节过度强调经济利益，并没有关注可能会对环境造成的影响。由于受到技术的限制，加上相关部门的权责不清，使得水生态环境遭受破坏，且难以恢复，对社会经济的发展产生了消极影响。近年来随着可持续发展理念被社会公众广泛接受，人们开始意识到水资源并非是廉价的、可随意使用的自然资源，而已成为与人类生产生活和生存发展息息相关的一项物质要素。在新的水资源理念被提出后，水资源管理受到重视，人水和谐成为政府管理的最终目标。政府部门应正确认识自身的责任定位，积极发挥主体作用解决这些问题。

水资源资产是属于自然资源资产的重要部分。各行政区域政府主体拥有水资源资产管理权，在核算水资源资产及负债时是层层向上汇总核算的。水资源资产及负债的核算关乎整个政府部门的水资源管理，是政府完善水资源的开发利用规划、保护水生态环境、促进经济发展与水资源互利共生的基础。要进一步做好水资源资产及负债核算工作，必须加强政府的主体地位，发挥政府全面负责水资源的一切管理的职能。同时，为了确保水资源资产及负债核算的准确性，必须落实政府部门关于水资源资产及负债核算信息的定期公布机制，并做好领导干部自然资源资产离任审计工作，以实现政府水资源管理水平的提升和水资源信息公开扩大化。对于公众提出的水资源环境信息的质疑，应及时进行客观解答，提升国家及政府部门的公信力。在信息反馈的过程中，也能够进一步推动水资源资产及负债核算体系的建立和完善，不断发挥政府工作在改善民生、服务社会等方面的积极作用。

二、强调水资源资产化管理

水资源是生产生活所必需的物质资料，在商品再生产环节，水资源可以不断进行自我积累并提升自身价值。在资金与技术的作用下，水资源能够不断实现社会再生，达到可循环利用的状态。过去我国水资源经历了无序开发、低效用水、浪费严重以及水生态恶化等过程，究其原因在于尚未形成具备有效调节和约束功能的水资源运行管理机制及管理手段。

水资源资产化管理，是以水资源系统演变规律为基础，结合水资源资产的特点，从涉水行业的现实情况出发，围绕水资源的开发利用过程，参照经济规律所采取的投入产出管理[336]。在水资源资产化管理的过程中，通过实施水资源的有偿化开发利用制度，逐步使水资源的开发、利用以及经营权流向市场，同时完善水资源的核算、规划、补偿以及监督制度，推动水资源利用的良性循环，为人们生产生活带来较大的社会经济效益以及生态环境效益[337]。水资源资产化管理在重视水资源资产实物管理的同时，也重点关注其产权管理和价值管理。在社会主义市场经济形势下，实现水资源的高效分配和可持续利用离不开市场所发挥的作用。因而，关于水资源的资产化管理，是将水资源的资产与负债核算与国民经济发展以及投入产出核算有机关联在一起，重点体现出水资源在社会经济生产与人民生活中的支撑作用。

第三节　健全水资源资产管理体制

一、完善水资源资产产权制度

水资源资产产权制度是自然资源资产管理的重要制度，也是推进生态文明发展的核心内容，在生态文明制度体系中发挥着重要的作用。水资源是自然资源的重要构成，实现水资源的高效开发与利用有助于充分体现水资源资产价值，推动整个流域和区域的健康发展。十八届三中全会报告的主旨是健全自然资源资产产权制度，通过制度化手段加快生态文明建设进程。在《中共中央关于全面深化改革若干重大问题的决定》中，明确了自然资源资产产权制度的核心内容，即形成归属清晰、权责明确、监管有效的产权形态。《关于加快推进生态文明建设的意见》中也同时指出，生态文明建设体制改革需以自然资源资产产权制度为破题点，并将生态文明建设中的"源头、过程、后果"等环节深入体现在自然资源产权制度中。

科学准确地核算水资源资产及负债，必须以建立健全水资源资产产权制度为基础。当水资源资产所有权及控制权能够清晰界定时，才可以对用水主体进行水资源资产及负债实物量核算。例如水资源的流动性大，产生水环境的负外部性对河流上、中、下游水体难以进行明确的界定。在水资源的产权归属不清楚、权责不明晰的情况下，将会影响水资源负债的确认。结合水资源资产产权制度，全面衡量社会、经济及生态等多层面的综合效益。除当前的效益外，还必须分析可能对后代产生的影响。由于水资源消耗、水环境污染和水生态破坏会加大今后的水资源利用成本，带来消极作用。它涉及对当下以及子孙后代的赔偿机制。关于水资源价格的制定、水权益主体的补偿以及生态环境损害赔偿等必须以全局效益为基础，充分体现出激励制度的作用，最大程度将外部性问题内化解决。对于具体的经营制度，水资源产权制度必须重点强调水资源的高效开发和利用，并且保障用水主体的基本利益。

二、协调发展所有权和管理权制度

实施产权管理的核心是准确把握水资源国家所有权在经济层面的实现方式。在法律维度，国家享有对水资源的绝对所有权，但由于在实际操作过程中水资源所有权与管理权是分开的，使得水资源产权具有一定的模糊性。在传统的自然资源管理下，自然资源从国家所有几乎已经变为部门或地方所有，国家所有权被割裂，以至于形成产权虚置，甚至是国有资产流失的局面，在此情况下核算自然资源资产变得毫无意义。因此，必须协调水资源所有权与管理权的关系。所有权制度建立的目标是通过规范水资源资产所有制体系，明确主体权责，统筹多方面的利益。在构建水资源管理体系的过程中，应进一步对政府的权力和责任进行合理定位，确保监管和控制体系的有序运转。

协调发展水资源所有权和管理权制度，有助于完善水资源管理模式，推进水资源资产登记、确认等相关事项。通过划清各级涉水部门的职责，厘清水资源资产及负债核算主体的层级关系。在统一管理和分级管理相结合的水资源管理模式下，各下级管理主体将管理范围内的水资源数据信息反馈至流域统一管理机构，省级水资源管理部门对核算的水资源及负债信息进行分析研究并将结果反馈其他部门。各级水资源管理主体以及其他涉水部门通过汇总所反馈的水资源信息，可以确保水资源资产及负债核算工作的平稳推进。

第四节　进一步完善水资源统计数据体系

一、提高水资源统计数据质量

我国水资源管理中条块分割的局面较为严峻，水资源的开发利用及其管理分属于不同机构。不同机构的信息统计口径存在差异，难以确保数据的精准性和水资源核算的质量，是开展水资源资产及负债核算的主要难点之一。多元水循环系统是一个动态系统，水资源资产及负债的最主要特征就是随机性，并伴随着年份及季节的变动而时刻发生改变。实际上，几十年来政府水资源管理部门在全国完成了很多基础性的工作，并已经掌握了详细的基础信息。但在诸多因素的影响下，目前我国的水资源统计数据体系依然存在很多缺陷，仍难以保证水资源数据的质量、数据连续性以及覆盖面。

由于水资源资产及负债核算需要的水资源数据信息较多且涵盖面广，具体涉及了水文、工程、经济等诸多层面，所有数据的来源并不局限在水资源管理机构，还包括了人口、经济等多个部门，这使得很多跨区域、口径一致且可用的数据难以取得。事实上，在水资源管理中真实有效的实时性数据是相当重要的，尤其是在水资源资产及负债核算中发挥着决定性的作用。在这种情况下，应继续整合、完善各部门的数据统计工作，规范统计数据覆盖的时间范围及统计频率，加强数据信息的对外公示，实现部门之间的水资源数据信息共通，强调任务分配及责任承担机制，确保落实到各部门。

同时，水资源及负债的核算需要各相关政府部门、专业学科、研究领域的全面参与，考虑到水资源自然属性与经济属性导致的水资源资产及负债的核算范围较大，需要构建符合现实情况水资源资产及负债实物量核算模型并大范围应用先进的实物统计技术，因此，必须聘请具备跨专业知识及技能的复合型人才。通过不断推动行业间以及部门间的交流与合作，主动搭建起行业间的沟通桥梁，为实现微观信息的获取开辟合理高效的途径，使得水资源资产及负债核算的根基更加牢固。

二、加强水资源数据信息化建设

由于水资源数据信息涉及多个部门，任何一个部门都不可能对所有的信息进行收集和处理。考虑到一些部门的水资源数据信息的利用程度较低，加上管理能力有限，导致多年来一直在重复进行水资源数据的统计工作。因此，必须强调对现代技术方式的有效应用，提高对水资源信息的管理水平。按照信息化管理的思路，应着重从以下两个方面入手：

（1）建立全国范围内各地区水资源信息共享网络平台，提高水资源数据质量。在大数据和云计算背景下，信息共享是推动社会经济进步的必然选择，同时能够实现资源与成本的节约。信息互通可以推动社会的进步，而社会的快速发展又对信息共享提出了新的要求。在大数据、云计算等先进技术不断涌现的情况下，顺应发展的需要整合现有数据资源、构建水资源信息共享网络，助力实现水资源的高效管理。通过将水利、统计、环保等相关部门掌握的水资源数据信息上传到共享平台中，加强不同渠道水资源数据信息的有效整合，从而提升管理水平并改善管理效果，形成兼具多功能、动态性、直观化以及实时性的水资源信息决策支持系统。

（2）建设水资源实时监控管理系统，实时监测水资源及水环境变化。开展水资源资产及负债动态核算的基本条件是取得相当完备的水资源信息，这必须结合当下的技术手段，如现代遥感技术及通信技术，构建能实时显示水资源状态的监控管理系统。利用发达的信息技术手段，大量收集、传输、管理、分析水资源数据，同时加强动态监督和监测统计，为实现水资源资产及负债核算提供可靠的数据支撑。

第五节　推进水资源资产系统核算研究工作

一、深化水资源资产及负债核算研究

在我国对自然资源进行核算发展较晚，且处于初级阶段。水资源作为关键的自然资源，需要进行重点核算。水资源本身不容易进行确认、计量及形成报表，而且大多数国家也没有形成完整成熟的水资源核算体系。各国对于水资源的研究也不尽相同，有着很大差异。水资源系统核算制度关注的重点是如何反映流域及区域范围内水资源资产及负债的全貌，如何描述水资源在经济运行过程中参与价值创造及经济体的相互影响过程，如何科学估算水资源资产及负债实物量的状态及其变化趋势。随着我国对水资源调查、登记、评估等工作的全面展开，水资源的基础数据已经基本拥有，为开展水资源资产及负债的核算提供数据支撑。可通过专业机构对省域、县域范围内的水资源产权进行详细登记，明确水资源产权，同时明确权益主体的责任。

水资源资产及负债的核算不仅仅体现了水资源对社会经济的影响，同时也体现了社会经济活动对水资源状态的影响。在探索水资源资产及负债的核算过程中，要充分考虑到我国的国情以及水资源的独特之处。通过有条理地展开全面的数据调研工作，统一各部门对水资源的分类与核算方法，并对数据进行统计分析。在进行水资源资产及负债的确认与计量方面，可对其进行进一步细致的划分，如将水资源负债划分为地表水资源负债及地下水资源负债分开核算。通过用实物单位量化水资源资产及负债，综合反映水资源资产及负债的变化过程、数量与质量特点，帮助管理者制定正确的政策。

二、加强推行水资源资产负债表编制研究

水资源资产及负债核算的结果是水资源系统中利益主体进行规划和决

策的基础性数据。水资源资产及负债核算结果的呈现方式为水资源资产负债表。尽管国内关于水资源资产负债表的编制探讨已有相关成果，但仍处于初步探索之中。真正将其应用到具体案例中的研究十分有限，加上不同学者设定的编制主体和报表体系存在差异，尚未形成一致的意见。现有的试点地区是当前较为权威、系统的编制实例。

水资源资产及负债核算结果的呈现方式会影响基础数据的再次使用，仅用一张报表列示和呈现会隐藏掉许多社会经济运行过程中关于水资源使用的细节信息，如水资源的自我补偿、增值、积累等信息。由于无法真实反映水资源价值实现的过程，会影响使用者的决策。鉴于水资源资产及负债实物量变化的复杂性，水资源资产及负债实物量核算的结果可选择具有严密逻辑关系的报表体系呈现。水资源资产负债报表体系包含一张主表与多张附表，既可详细反映水资源资产及负债数量与质量变化的各个方面，又可为实物量的变化提供一种相互验证的方法，确保实物量核算的准确性。

第六节　本章小结

为促进水资源资产及负债核算工作的顺利开展，确保核算的科学性与有效性，本章从发挥政府水资源管理作用、健全水资源资产管理体制、完善水资源统计数据体系、推进水资源资产系统核算研究工作四个方面提出推行水资源资产及负债核算的对策建议。

第九章　结论与展望

水资源资产及负债的核算处于理论研究阶段，短期内难以核算出省域层面的水资源资产及负债。本书尝试基于政府责任视角对水资源资产及负债核算进行探索研究，以期为政府编制水资源资产负债表和对其他自然资源展开核算提供参考依据。

第一节　研究结论

本书首先在分析国内外水资源资产系统与水资源及负债核算相关研究成果的基础上，界定了水资源资产及负债的相关概念，梳理了水资源资产及负债核算的理论基础。其次，分析我国开展水资源资产及负债核算的现实需求，结合水资源资产及负债核算的现实困境，分析实现水资源资产及负债核算的路径框架。再次，深入探讨了水资源资产系统及其演变规律，对水资源资产产权制度的演变及水资源资产的权属设定进行梳理，分析政府部门与用水主体之间在水资源资产化利用中的决策选择及行为策略演化趋势，在此基础上提出了水资源资产及负债的确认条件。接着，分析水资源资产核算的边界，构建水循环模式下水资源资产实物量核算模型，测算水资源资产实物量情况并分析水资源资产的构成比例及相对数量；分析水资源负债核算的边界，构建最严格水资源管理下的水资源负债实物量核算模型，测算水资源负债实物量情况并分析水资源负债强度及其空间格局演变。基于水资源资产及负债实物量核算结果，从水资源利用系统的内部构成和外界条件出发，构建水资源利用系统动力学模型，模拟预测不同路径下的水资源资产及负债的变动情况。最后，结合水资源资产及负债核算研究中存在的主要问题，提出推行水资源资产及负债核算的对策建议，为进一步在各行政区域层面开展水资源资产及负债核算工作提供参考与借鉴。

具体结论如下：

（1）水资源资产及负债的形成机理及确认条件

在客观要素层面，多元水循环是形成水资源资产的关键环节，水循环过程中产生的外部不经济是造成水资源负债的主要原因。多元水循环模式通过自然、社会以及贸易之间相互作用，形成显著的互馈与协同演化特性。水资源资产系统的演变规律是水资源通过物理流、效用流以及价值流的方式在时空上进行流动。水资源的多元循环会对原始状态下的自然水循环产生干扰，并导致水环境的恶化，损害水资源对社会经济的支撑功能，并最终导致形成水资源负债。在制度层面，通过对水资源资产的所有权、管理权以及使用权等的界定，在此基础上分析政府部门在公共受托责任下应对政府部门和用水主体之间的矛盾时所做出的水资源管理策略选择。在政府部门选择实施严格管控策略的同时，用水主体选择配合政府部门的水资源管理政策，通过积极合作可以促进社会效益最大化，实现水循环系统的和谐发展。在此基础上，结合会计学中资产与负债的确认条件，提出水资源资产的确认条件为从自然水循环进入社会水循环后在政府部门合理调配下被人们所利用并为用水主体带来经济、环境以及社会效益的水资源；水资源负债的确认条件为经济主体使用水资源超过自身的水资源权益限额，不利于自然与社会水循环过程，或污废水的排放超过了水体的承载能力，威胁水资源功能可持续性。

（2）水循环模式下水资源资产实物量核算模型构建及计算结果

将水资源资产界定为直接利用的实体水资源量与外部净流入的虚拟水资源量之和，并基于水足迹分析方法构建水资源资产实物量核算模型。2012 年全国 31 个省份（未含港澳台地区）水资源资产平均值为 189.04 亿 m^3，而 2017 年各省份水资源资产平均值为 219.34 亿 m^3。从空间来看，中部地区各省份的平均水资源资产高于东部地区平均水资源资产，西部地区平均水资源资产最低。在此基础上，采用水资源资产贸易依赖（支持）度以及人均水资源资产两个指标从构成比例和相对数量维度综合分析各省份水资源资产状况。各省对水资源资产贸易依赖程度或支持程度存在一定的差距，各省之间的人均水资源资产差距较大，人均水资源资产相对较高的地区在生产生活中对水资源这一要素的需求程度较高。

（3）最严格水资源管理下的水资源负债实物量核算模型构建及计算结果

在政府实施严格的水资源管控政策下，水资源的过度消耗应纳入水资源负债的核算范畴，而污废水排放超过自然可吸纳的部分也应作为水资源负债的核算范畴，并以最严格水资源管理制度为依据构建水资源负债实物量核算模型。利用灰水足迹将排污量与稀释污染物所需的水资源量建立定量联系，在此前提下核算超额利用和超标排放下的水资源负债实物总量。根据水资源负债实物量核算结果，在2012—2020年全国水资源负债总量呈现明显下降态势，研究期内全国水资源负债均值为1 342.80亿 m^3。在省域层面，2012年全国31个省份（未含港澳台地区）水资源负债平均值为54.32亿 m^3，至2020年各省平均水资源负债为27.85亿 m^3。在用水总量控制下，各省可供水量与总需水量的变化直接引起了水资源负债的变化。考虑到各省份发展水平存在差异，引入水资源负债强度指标综合分析各省份水资源负债情况。研究期内各省平均水资源负债强度为28.37m^3/万元，但区域之间的水资源负债强度差别较大，呈现出西高东低的特征。利用Dagum基尼系数分析水资源负债强度的空间非均衡特征，结果表明水资源负债强度的差异正逐渐扩大，东部与西部区域间差异是造成区域间差异的重要因素。在空间格局上，我国省域水资源负债强度存在显著的正向空间相关性，水资源负债强度接近的省份在空间上呈现出显著的集聚现象。

（4）基于水资源资产及负债的水资源利用预测分析

基于系统动力学理论，从水资源利用系统的内部构成和外界条件出发，以水资源资产及负债表征水资源利用情况，构建水资源利用系统动力学模型。通过分析主要输出指标仿真值与实际值的误差，计算得到各变量的 MAPE 值均处于0和20%之间，模型拟合误差较小，表明所构建水资源利用系统动力学模型能够真实、准确反映现实系统的定量关系。结合模型有效性检验的结果，分析了六种发展模式下水资源资产及负债的仿真模拟趋势，结果显示在经济发展型模式下的实体水资源资产水平明显高于现状延续型下实体水资源资产水平，在环境友好型模式下的实体水资源资产水平与现状延续型模式下实体水资源资产水平持平，在资源节约型和政府规划型模式下的实体水资源资产水平均低于现状延续型模式下的实体水资源资产水平，协调发展型模式下的实体水资源资产水平最低。此外，在现状延续型、经济发展型、环境友好型模式下到2030年仍存在水资源负债，资源节约型模式下到 2030 年可实现水资源负债为零，在政府规划型模式下到 2028 年可实现水资源负债为零，协调发展型模式可率先在 2026 年达到水资源负债为零这一目标。在六种发展模式下，水资源资产负债率均低于 15%，且呈现出逐年降低的趋势。其中，在资源节约型、政府规划型和协调发展型模式下，出现水资源资产负债率为零的情况，表明在这三种模式下的水资源利用对环境影响程度将降至最低。过快追求经济发展速度与发展规模不利于社会经济与水资源系统的协调发展，建议实行组合政策，从资源、环境以及政府规划等方面采取相应政策是实现水资源可持续发展的有效途径。

（5）推行水资源资产及负债核算的对策建议

结合目前水资源资产及负债核算研究中存在的主要问题，提出推行水资源资产及负债核算的对策建议，包括发挥政府水资源管理作用、健全水资源资产管理体制、完善水资源统计数据体系、推进水资源系统核算工作。

第二节 研究展望

针对水资源资产及负债核算的相关研究尚处于初步探索阶段，学者对水资源资产及负债的研究较多集中在概念界定、特征分析、核算方法等相关理论研究方面，案例研究仅仅涉及部分试点地区，尚未真正形成一个完整的水资源资产及负债核算体系。水资源资产及负债的核算研究涉及水文与水资源学、环境会计学、环境经济学、统计学、运筹学、系统动力学等领域，涉及面广，属于多学科理论交叉研究范畴。鉴于研究尚处于起步阶段，本研究仅对水资源资产及负债核算进行了初步探讨，今后在该领域仍有较大的空间可以挖掘并进行更深入的研究。

（1）进一步深化水资源资产及负债实物量核算研究。例如针对虚拟水资源资产核算中对水资源及社会经济相关数据（主要是投入产出数据）的依赖性较大这一情况，可进一步研究虚拟水资源资产的核算技术方法。尽管水生态系统不存在容量限制这一说法，今后仍需要探讨对由于水生态破坏形成的水资源负债实物量进行核算的可能性，以完善水资源资产及负债实物量核算研究。

（2）进一步开展水资源资产及负债价值量的核算研究。除了核算水资源资产及负债的实物量以外，水资源资产及负债的价值量核算也备受关注。今后的研究应以水资源资产及负债的实物量核算为前提，逐步开展对水资源资产及负债的价值量核算。

（3）进一步完善水资源资产负债表的编制研究。水资源资产负债表是水资源资产及负债核算结果的直观呈现方式，关于水资源资产负债表的编制研究虽取得一定进展，但仍处于不断摸索的过程之中。今后的研究可聚焦于改进现有的水资源资产负债表的表式结构，增强报表之间的逻辑性，以反映社会经济运行过程中水资源资产及负债的细节信息。

参考文献

［1］STOLER J, PEARSON A L, STADDON C, et al. Cash water expenditures are associated with household water insecurity, food insecurity, and perceived stress in study sites across 20 low-and middle-income countries ［J］. Science of the total environment, 2020, 716: 135881.

［2］VÖRÖSMARTY C J, MCINTYRE P B, GESSNER M O, et al. Global threats to human water security and river biodiversity ［J］. Nature, 2010, 467 (7315): 555.

［3］POSTEL S L. Water and world population growth ［J］. Journal american water works association, 2000, 92 (4): 131-138.

［4］SHU R, CAO X C, WU M Y. Clarifying regional water scarcity in agriculture based on the Theory of Blue, Green and Grey Water Footprints ［J］. Water resources management, 2021, 35 (3): 1101-1118.

［5］GE L, XIE G, ZHANG C, et al. An evaluation of China's water footprint ［J］. Water resources management, 2011, 25 (10): 2633-2647.

［6］ZHAO X, LI Y P, YANG H, et al. Measuring scarce water saving from interregional virtual water flows in China ［J］. Environmental research letters, 2018, 13 (5): 54012.

［7］王浩, 张建云, 王亦楠, 等. 水, 如何平衡发展之重 ［J］. 中国水利, 2020 (21): 11-19.

［8］赵丹丹. 基于投入产出和"生态网络"的京津冀水足迹演变趋势与水资源调控研究 ［D］. 北京: 北京林业大学, 2019.

［9］LIU J G, ZANG C F, TIAN S Y, et al. Water conservancy projects in China: Achievements, challenges and way forward ［J］. Global environmental change, 2013, 23 (3): 633-643.

［10］LIN L, CHEN Y D, HUA D, et al. Provincial virtual energy-water use and its flows within China: A multiregional input-output approach [J]. Resources, conservation and recycling, 2019, 151: 104486.

[11] BAI X M, SHI P J. Pollution control In China's Huai River Basin: What lessons for sustainability? [J]. Environment, 2006, 48 (7): 22-38.

[12] ZHAI X Y, XIA J, ZHANG Y Y. Water quality variation in the highly disturbed Huai River Basin, China from 1994 to 2005 by multi-statistical analyses [J]. Science of the total environment, 2014, 496: 594-606.

[13] FU W J, FU H J, SKOTT K, et al. Modeling the spill in the Songhua River after the explosion in the petrochemical plant in Jilin [J]. Environmental science and pollution research, 2008, 15 (3): 178-181.

[14] SUN M Y, HUANG L L, TAN L S, et al. Water pollution and cyanobacteria's variation of rivers Surrounding southern Taihu Lake, China [J]. Water environment research, 2013, 85 (5): 397-403.

[15] 沈菊琴, 聂勇, 孙付华, 等. 河道水资源资产确认及计量模型研究 [J]. 会计研究, 2019 (8): 12-17.

[16] 沈菊琴. 水资源资产与水资源的关系探析 [J]. 会计之友, 2018 (23): 2-7.

[17] 周守华, 陶春华. 环境会计: 理论综述与启示 [J]. 会计研究, 2012 (2): 3-10, 96.

[18] BEAMS F A. Pollution control through social cost conversion [J]. Journal of accounting, 1971 (3): 6-11.

[19] 耿建新, 房巧玲. 环境会计研究视角的国际比较 [J]. 会计研究, 2004 (1): 69-75.

[20] 肖特嘉, 布里特. 现代环境会计: 问题概念与实务 [M]. 大连: 东北财经大学出版社, 2004.

[21] 葛家澍, 李若山. 九十年代西方会计理论的一个新思潮——绿色会计理论 [J]. 会计研究, 1992 (5): 1-6.

[22] 徐泓. 环境会计理论与实务的研究 [M]. 北京: 中国人民大学出版社, 1999.

[23] 许家林, 孟凡利. 环境会计 [M]. 上海: 上海财经大学出版社, 2004.

[24] 袁广达. 环境会计与管理路径研究 [M]. 北京: 经济科学出版

社，2010.

［25］刘明辉，樊子君. 日本环境会计研究［J］. 会计研究，2002
（3）：58-62.

［26］盂凡利. 环境会计的概念与本质［J］. 会计研究，1997（12）：
46-47.

［27］盂凡利. 环境会计：亟待开发的现代会计新领域［J］. 会计研
究，1997（1）：19-22.

［28］盂凡利. 论环境会计信息披露及其相关的理论问题［J］. 会计研
究，1999（4）：17-26.

［29］朱学义. 我国环境会计初探［J］. 会计研究，1999（4）：27-
31.

［30］安庆钊. 环境会计理论结构的探讨［J］. 财税与会计，1999
（9）：10-12.

［31］杨世忠，曹梅梅. 宏观环境会计核算体系框架构想［J］. 会计研
究，2010（8）：9-15，95.

［32］游静. 基于公允价值视角的环境资产和环境负债会计研究［D］.
长沙：湖南大学，2014.

［33］相福刚. 企业环境会计核算体系的构建研究［J］. 会计之友，
2018（18）：43-48.

［34］CLO S, FERRARIS M, FLORIO M. Ownership and environmental
regulation：Evidence from the European electricity industry［J］. Energy econom-
ics, 2017, 61：298-312.

［35］张晓蓉. 论环境会计与可持续发展［J］. 山西财经大学学报，
2016，38（S2）：61-63，67.

［36］章茜. 政府管制与企业实施环境会计的协调探究［J］. 中国乡镇
企业会计，2016（6）：190-191.

［37］李静. 环境管制、环境会计信息披露质量与市场反应：来自大气
污染行业的经验证据［J］. 财会月刊，2017（20）：32-38.

［38］宋梅，田文利. 京津冀协同发展下上市公司环境会计信息披露的
法律规制：基于京津冀地区化工类上市公司的实证分析［J］. 全国流通经
济，2020（30）：184-189.

［39］孙兴华，王兆蕊. 绿色会计的计量与报告研究［J］. 会计研究，

2002（3）：54-57.

［40］张百玲. 当前环境会计研究中的两个问题［J］. 会计研究, 2002
（4）：51-52.

［41］刘利. 中外自然资源资产核算的比较与启示［J］. 统计与决策,
2019, 35（3）：9-12.

［42］刘利. 自然资源资产负债核算的最新研究进展与方向［J］. 统计
与决策, 2020, 36（17）：46-50.

［43］贾亦真, 沈菊琴, 孙付华, 等. 水资源资产负债表研究综述
［J］. 水资源保护, 2017, 33（6）：47-54.

［44］黄贤金. 自然资源统一管理：新时代、新特征、新趋向［J］. 资
源科学, 2019, 41（1）：1-8.

［45］钱学森, 于景元, 戴汝为. 一个科学新领域：开放的复杂巨系统
及其方法论［J］. 自然杂志, 1990（1）：3-10, 64.

［46］王书玉. 从系统论的观点谈环境污染［J］. 山西财经大学学报,
1999（S1）：15-16.

［47］HOLLAND, JOHN H. Hidden order：How adaptation builds com-
plexity［M］. New York：Addison Wesley Publishing Co., Inc., 1995.

［48］DIRNBöCK T, DULLINGER S, GRABHERR G. A regional impact
assessment of climate and land‐use change on alpine vegetation［J］. Journal
of biogeography, 2003, 30（3）：17.

［49］LASANTA T, LAGUNA M, VICENTE-SERRANO S M. Do tourism-
based ski resorts contribute to the homogeneous development of the mediterranean
mountains? A case study in the central Spanish Pyrenees［J］. Tourism manage-
ment, 2007, 28（5）：1326-1339.

［50］LIU J, DIETZ T, CARPENTER S R, et al. Complexity of coupled
human and natural systems［J］. Science, 2007, 317（5844）：1513-1516.

［51］李新玉. 京津唐地区经济社会发展面临的资源环境困境及对策
［J］. 经济地理, 1992（2）：30-33.

［52］邓宏兵. 长江流域空间经济系统的特征研究［J］. 长江流域资源
与环境, 2000（3）：277-282.

［53］季民河, MONTICINO M, ACEVEDO M. 基于多代理模型的城市
土地利用博弈模拟［J］. 地理研究, 2009, 28（1）：85-96.

［54］董世魁，朱晓霞，刘世梁，等. 全球变化背景下草原畜牧业的危机及其人文—自然系统耦合的解决途径［J］. 中国草地学报，2013，35（4）：1-6.

［55］顾恩国，鲁嘉珺. 环境污染与自然资源耦合系统的动力学模型分析［J］. 中南民族大学学报（自然科学版），2017，36（3）：142-146.

［56］苗苗，李长健. 城市土地利用与社会—经济—自然系统协调发展研究：以长江中游城市群26市为例［J］. 城市发展研究，2017，24（7）：1-6，18.

［57］陶建格，沈镭，何利，等. 自然资源资产辨析和负债、权益账户设置与界定研究：基于复式记账的自然资源资产负债表框架［J］. 自然资源学报，2018，33（10）：1686-1696.

［58］邹进，张友权，潘锋. 基于二元水循环理论的水资源承载力质量能综合评价［J］. 长江流域资源与环境，2014，23（1）：117-123.

［59］MERRETT S. Introduction to the economics of water resources: An international perspective ［M］. London: University college london press, 1997.

［60］FALKENMARK M. Society´s interaction with the water cycle: a conceptual framework for a more holistic approach ［J］. International association of scientific hydrology bulletin, 1997, 42 (4): 451-466.

［61］龙爱华，王浩，于福亮，等. 社会水循环理论基础探析Ⅱ：科学问题与学科前沿［J］. 水利学报，2011，42（5）：505-513.

［62］MERRETT S. Integrated water resources management and the hydro social balance ［J］. Water international, 2004, 29 (2): 148-157.

［63］MONTANARI A, YOUNG G, SAVENIJE H, et al. "Panta Rhei—Everything Flows": Change in hydrology and society – The IAHS Scientific Decade 2013-2022 ［J］. Hydrological sciences journal, 2013, 58 (6): 312-328.

［64］王浩，贾仰文，王建华，等. 人类活动影响下的黄河流域水资源演化规律初探［J］. 自然资源学报，2005，20（2）：157-162.

［65］QIN D, LU C, LIU J, et al. Theoretical framework of dualistic nature–social water cycle ［J］. Chinese science bulletin, 2014, 59 (8): 810-820.

［66］王浩，贾仰文. 变化中的流域"自然—社会"二元水循环理论与研究方法［J］. 水利学报，2016，47（10）：1219-1226.

［67］陈家琦，王浩，杨小柳. 水资源学［M］. 北京：科学出版社，2003.

［68］贾仰文，王浩，王建华，等.黄河流域分布式水文模型开发与验证［J］.自然资源学报，2005，120（2）：300-308.

［69］贾仰文，王浩，仇亚琴，等.基于流域水循环模型的广义水资源评价（1）：评价方法［J］.水利学报，2006，37（9）：1051-1055.

［70］王润冬，陆垂裕，孙文怀，等.MODCYCLE二元水循环模型关键技术研究［J］.华北水利水电学院学报，2011，32（2）：33-36.

［71］徐凯，汪林，甘冶国，等.流域水循环系统多维调控方案的评价与优选［J］.河海大学学报：自然科学版，2014（2）：118-123.

［72］王喜峰.基于二元水循环理论的水资源资产化管理框架构建［J］.中国人口·资源与环境，2016，26（1）：83-88.

［73］龙爱华，王浩，于福亮，等.社会水循环理论基础探析Ⅱ：科学问题与学科前沿［J］.水利学报，2011，42（5）：505-513.

［74］邓铭江.南疆未来发展的思考：塔里木河流域水问题与水战略研究［J］.干旱区地理，2016，39（1）：1-11.

［75］吴普特，高学睿，赵西宁，等.实体水—虚拟水"二维三元"耦合流动理论基本框架［J］.农业工程学报，2016，32（12）：1-10.

［76］联合国经济和社会事务部.水环境经济核算体系［R］.纽约：联合国经济和社会事务部，2012.

［77］MEIHAMI B. Check the status of water resources management in comparison with management and the role of the Australian accounting standards［J］. International letters of natural sciences, 2013, 16：157-163.

［78］VARDON M, LENZEN M, PEEVOR S, et al. Water accounting in Australia［J］. Ecological economics, 2007, 61（4）：650-659.

［79］孙萍萍.实物型水资源资产核算研究［D］.邯郸：河北工程大学，2017.

［80］沈菊琴，陆庆春.浅谈水权市场与水资源资产［J］.中国水利，2003（8）：10-11.

［81］沈菊琴，叶慧娜.水资源会计研究的必要性和可行性分析［J］.水利经济，2005（6）：22-24，73.

［82］叶慧娜.水资源会计的理论架构研究［D］.南京：河海大学，2006.

［83］张雪芳.水资源会计核算理论与方法研究［D］.南京：河海大学，2007.

[84] 张雪芳, 沈菊琴, 刘玲. 水资源会计基本理论与核算问题探讨 [J]. 财会月刊, 2006 (17): 58-59.

[85] 孙萍萍, 甘泓, 贾玲, 等. 试论水资源资产 [J]. 中国水利水电科学研究院学报, 2017, 15 (3): 170-179.

[86] 陈波. 基于权责发生制的通用目的水会计框架构建 [J]. 财会月刊, 2020 (5): 69-75.

[87] 陈波, 杨世忠. 会计理论和制度在自然资源管理中的系统应用: 澳大利亚水会计准则研究及其对我国的启示 [J]. 会计研究, 2015 (2): 13-19, 93.

[88] 陈波. 水治理改革与水核算创新 [J]. 会计之友, 2020 (20): 132-136.

[89] 王玉春, 丁捷. 水会计之我见 [J]. 会计之友, 2016 (10): 30-34.

[90] 孙振亓, 王世金, 钟方雷. 冰川水资源资产负债表编制实践 [J]. 自然资源学报, 2021, 36 (8): 2038-2050.

[91] 王然, 魏娟, 王磊. 我国水资源资产负债表的编制研究 [J]. 统计与决策, 2019, 35 (5): 27-31.

[92] 石吉金, 王鹏飞, 李娜, 等. 全民所有自然资源资产负债表编制的思路框架 [J]. 自然资源学报, 2020, 35 (9): 2270-2282.

[93] HOLUB H W, TAPPEINER G, TAPPEINER U. Some remarks on the system of integrated environmental and economic accounting of the United Nations [J]. Ecological economics, 1999, 29 (3): 329-336.

[94] 刘利. 对自然资源资产负债核算账户的思考 [J]. 财会月刊, 2020 (18): 58-61.

[95] 耿建新, 范长有, 唐洁珑. 从国家自然资源核算体系到企业自然资源资产披露: 基于石油资产平衡表的探讨 [J]. 会计研究, 2017 (1): 5-14, 95.

[96] 耿建新, 唐洁珑. 负债、环境负债与自然资源资产负债 [J]. 审计研究, 2016 (6): 3-12.

[97] 耿建新, 胡天雨, 刘祝君. 我国国家资产负债表与自然资源资产负债表的编制与运用初探: 以 SNA 2008 和 SEEA 2012 为线索的分析 [J]. 会计研究, 2015 (1): 15-24, 96.

[98] 张献方, 周亚荣. 自然资源资产负债表: 现状及展望 [J]. 财会

月刊，2019（16）：80-86.

[99] 陈艳利，弓锐，赵红云. 自然资源资产负债表编制：理论基础、关键概念、框架设计 [J]. 会计研究，2015（9）：18-26，96.

[100] 张友棠，刘帅，卢楠. 自然资源资产负债表创建研究 [J]. 财会通讯，2014（10）：6-9.

[101] 黄溶冰，赵谦. 自然资源核算：从账户到资产负债表：演进与启示 [J]. 财经理论与实践，2015，36（1）：74-77.

[102] 张卫民，王会，郭静静. 自然资源资产负债表编制目标及核算框架 [J]. 环境保护，2018，46（11）：39-42.

[103] 封志明，杨艳昭，陈玥. 国家资产负债表研究进展及其对自然资源资产负债表编制的启示 [J]. 资源科学，2015，37（9）：1685-1691.

[104] 沈镭，钟帅，何利，等. 复式记账下的自然资源核算与资产负债表编制框架研究 [J]. 自然资源学报，2018，33（10）：1675-1685.

[105] 甘泓，汪林，秦长海，等. 对水资源资产负债表的初步认识 [J]. 中国水利，2014（14）：1-7.

[106] LUITEN J P A, GROOT S. Modelling quantity and quality of surface waters in the Netherlands：Policy Analysis of Water Management for the Netherlands [J]. European water pollution control，1992，2（6）：23-33.

[107] 王俭，张朝星，于英谭，等. 城市水资源生态足迹核算模型及应用——以沈阳市为例 [J]. 应用生态学报，2012，23（8）：2257-2262.

[108] 魏玲玲. 自然资源资产负债表中的负债问题研究 [D]. 北京：首都经济贸易大学，2017.

[109] 周普，贾玲，甘泓. 水权益实体实物型水资源会计核算框架研究 [J]. 会计研究，2017（5）：24-31，96.

[110] 周普. 创新水资源供给侧结构性改革的认识与实践：以水权益实体实物型水资源资产负债表试编为例 [J]. 中国水利，2018（5）：14-17.

[111] 黄晓荣，秦长海，郭碧莹，等. 基于能值分析的价值型水资源资产负债表编制 [J]. 长江流域资源与环境，2020，29（4）：869-878.

[112] 贾玲，甘泓，汪林，等. 水资源负债刍议 [J]. 自然资源学报，2017，32（1）：1-11.

[113] 唐勇军，李鹏，马文超. 水资源资产负债表编制研究：基于领导干部离任审计视角 [J]. 水利经济，2018，36（5）：13-20，75-76.

[114] 汪劲松, 石薇. 我国水资源资产负债表编制探讨: 基于澳大利亚水资源核算启示 [J]. 统计与决策, 2019, 35 (14): 5-9.

[115] 石薇, 汪劲松. 水资源资产负债表的编制方法 [J]. 统计与决策, 2021, 37 (12): 24-28.

[116] 黄晓荣, 郭碧莹, 奚圆圆, 等. 水资源资产负债表编制理论与方法研究进展 [J]. 水资源与水工程学报, 2017, 28 (4): 1-5.

[117] 周志方, 陈琦悦, 王玉, 等. 水资源资产负债表核算体系研究: 基于自然资源资产离任审计视角 [J]. 西安财经学院学报, 2019, 32 (2): 67-72.

[118] PRUDHAM W S, Lonergan S. Natural resource accounting: A review of existing frameworks [J]. Canadian journal of regional science, 1993, 16 (3): 363-386.

[119] 李英, 刘国强. 新中国自然资源核算的新突破: 十八届三中全会提出编制自然资源资产负债表 [J]. 会计研究, 2019 (12): 12-21, 33.

[120] 封志明, 杨艳昭, 李鹏. 从自然资源核算到自然资源资产负债表编制 [J]. 中国科学院院刊, 2014, 29 (4): 449-456.

[121] 周龙, 方锐. 美、德国家环境资产核算比较及其对我国的启示: 基于SEEA2012中心框架的理论分析 [J]. 会计之友, 2018 (2): 24-30.

[122] 李花菊. 中国水资源核算中的混合账户与经济账户 [J]. 统计研究, 2010, 27 (3): 89-93.

[123] 鲁琳. 基于 SEEA 体系的自然资源资产负债表编制研究 [D]. 蚌埠: 安徽财经大学, 2017.

[124] BARTELMUS P. SEEA-2003: Accounting for sustainable development? [J]. Ecological economics, 2007, 61 (4): 613-616.

[125] GAO M. SEEA develops the useful and discards the useless of SNA [J]. Statistical research, 2006, 5 (2): 53-64.

[126] SMITH R. Development of the SEEA 2003 and its implementation [J]. Ecological economics, 2007, 61 (4): 592-599.

[127] 胡文龙, 史丹. 中国自然资源资产负债表框架体系研究: 以SEEA2012、SNA2008 和国家资产负债表为基础的一种思路 [J]. 中国人口·资源与环境, 2015, 25 (8): 1-9.

[128] 陈东景, 徐中民, 陈仁升. 水资源账户的建立: 环境经济综合

核算的一个实例 [J]. 水科学进展, 2003 (5): 631-637.

[129] DIJK A V, MOUNT R, GIBBONS P, et al. Environmental reporting and accounting in Australia: Progress, prospects and research priorities [J]. Science of the total environment, 2014, 473: 338-349.

[130] 孔含笑, 沈镭, 钟帅, 等. 关于自然资源核算的研究进展与争议问题 [J]. 自然资源学报, 2016, 31 (3): 363-376.

[131] ALFSEN K H, GREAKER M. From natural resources and environmental accounting to construction of indicators for sustainable development [J]. Ecological economics, 2007, 61 (4): 600-610.

[132] MOMBLANCH A, ANDREU J, PAREDES-ARQUIOLA J, et al. Adapting water accounting for integrated water resource management. The Júcar Water Resource System (Spain) [J]. Journal of hydrology, 2014, 519: 3369-3385.

[133] 吕晓敏, 刘尚睿, 耿建新. 中国自然资源资产负债表编制及运用的关键问题 [J]. 中国人口·资源与环境, 2020, 30 (4): 26-34.

[134] 杜娟, 刘慧, 乔占明, 等. 多维视角下的水资源资产核算框架构思 [J]. 水利经济, 2021, 39 (4): 61-65, 79-80.

[135] 刘汗, 张岚. 澳大利亚水资源会计核算的经验及启示 [J]. 水利发展研究, 2015, 15 (5): 70-74.

[136] EDENS B, GRAVELAND C. Experimental valuation of Dutch water resources according to SNA and SEEA [J]. Water resources & economics, 2014, 7: 66-81.

[137] HAMBIRA W L. Natural resources accounting: A tool for water resources management in Botswana [J]. Physics & chemistry of the earth, 2007, 32 (15-18): 1310-1314.

[138] PERANGINANGIN N, SAKTHIVADIVEL R, SCOTT N R, et al. Water accounting for conjunctive groundwater/surface water management: case of the Singkarak-Ombilin river basin, Indonesia [J]. Journal of hydrology, 2004 (22): 1-22.

[139] VICENTE D J, RODRIGUEZ-SINOBAS L, GARROTE L, et al. Application of the system of environmental economic accounting for water SEEAW to the Spanish part of the Duero basin: Lessons learned [J]. Science of the total

environment, 2016, 563（9）：611-622.

[140] 何康洁，何文豪. 水资源环境经济核算体系相关问题初探［J］. 人民长江，2017，48（9）：40-43.

[141] 沈菊琴，任光照，郭孟卓，等. 水资源资产量评估方法研究 ［J］. 人民黄河，1999（2）：3-5.

[142] 赵泓漪，白国营，孙晋炜，等. 北京市怀柔区水资源存量及变动表编制技术问题探讨［J］. 中国水利，2017（3）：16-19.

[143] 宋晓谕，陈玥，闫慧敏，等. 水资源资产负债表表式结构初探 ［J］. 资源科学，2018，40（5）：899-907.

[144] 朱婷，薛楚江. 水资源资产负债表编制与实证［J］. 统计与决策，2018，34（24）：25-29.

[145] 胡诗朦. 基于"节水优先"的崇明水资源资产初步核算及价值转化影响分析［D］. 上海：华东师范大学，2019.

[146] 许振成，叶玉香，彭晓春，等. 水资源价值核算研究进展［J］. 生态环境，2006（5）：1117-1121.

[147] AZEVEDO L, GABRIEL T, GATES T K, et al. Integration of water quantity and quality in Strategic River Basin Planning［J］. Journal of water resources planning & management, 2000, 126（2）：85-97.

[148] GREENLEY D A, YOUNG W R A. Option value：Empirical evidence from a case study of recreation and water quality：reply［J］. Quarterly journal of economics, 1985, 100（1）：295-299.

[149] BOCKSTAEL N E, KLING C, HANEMANN W M. Estimating the value of water quality improvements in a recreational demand framework［J］. Water Resources Research, 1987, 23（5）：951-960.

[150] MMOPELWA G. Economic and financial analysis of harvesting and utilization of river reed in the Okavango Delta, Botswana［J］. Journal of Environmental Management, 2006, 79（4）：329-335.

[151] MEDELLIN-AZUARA J, HAROU J J, HOWITT R E. Estimating economic value of agricultural water under changing conditions and the effects of spatial aggregation［J］. Science of the total environment, 2010, 408（23）：5639-5648.

[152] HEALD D, GEORGIOU G. Resource accounting：valuation, consol-

idation and regulation [J]. Public Administration, 2010, 73 (4): 571-579.

[153] BERBEL J, MESA-JURADO M A, PISTON J M. Value of irrigation water in Guadalquivir Basin (Spain) by residual value method [J]. Water resources management, 2011, 25 (6): 1565-1579.

[154] MILLER C T, DAWSON C N, FARTHING M W, et al. Numerical simulation of water resources problems: Models, methods, and trends [J]. Advances in water resources, 2013, 51 (1): 405-437.

[155] PEDRO M M, JIMENEZ F P, SOLERO A, et al. The use of AQUATOOL DSS applied to the System of Environmental-Economic Accounting for Water (SEEAW) [J]. Journal of hydrology, 2016, 533: 1-14.

[156] BARTON D N. The transferability of benefit transfer: contingent valuation of water quality improvements in Costa Rica[J]. 2002, 42(1-2): 147-164.

[157] STAVE K A. A system dynamics model to facilitate public understanding of water management options in Las Vegas, Nevada [J]. Journal of environmental management, 2003, 67 (4): 303-313.

[158] TILMANT A, PINTE D, GOOR Q. Assessing marginal water values in multipurpose multireservoir systems via stochastic programming [J]. Water resources research, 2008, 44 (12): 12431.

[159] MARTIN-ORTEGA J, BERBEL J. Using multi-criteria analysis to explore non-market monetary values of water quality changes in the context of the Water Framework Directive [J]. Science of the total environment, 2010, 408 (19): 3990-3997.

[160] ZIOLKOWSKA, JADWIGA R. Shadow price of water for irrigation-A case of the High Plains [J]. Agricultural water management, 2015, 153: 20-31.

[161] BROWN M T, AMAYA MARTÍNEZ, UCHE J. Emergy analysis applied to the estimation of the recovery of costs for water services under the European Water Framework Directive [J]. Ecological modelling, 2010, 221 (17): 2123-2132.

[162] BROWN M T, ULGIATI S. Emergy assessment of global renewable sources [J]. Ecological modelling, 2015, 339: 148-156.

[163] 李金昌. 自然资源价值理论和定价方法的研究 [J]. 中国人口·资源与环境, 1991 (1): 29-33.

[164] 姜文来, 王华东, 王淑华, 等. 水资源耦合价值研究 [J]. 自然资源, 1995 (2): 17-23.

[165] 姜文来, 王华东. 水资源资产均衡代际转移研究 [J]. 自然资源, 1997 (2): 51-56.

[166] 姜文来. 水资源价值模型研究 [J]. 资源科学, 1998 (1): 3-5.

[167] 王浩, 甘泓, 武博庆. 水资源资产与现代水利 [J]. 中国水利, 2002 (10): 151-153.

[168] 沈菊琴, 顾浩, 任光照, 等. 试谈水资源资产及其价值评估 [J]. 人民黄河, 1998 (7): 19-21, 47.

[169] 沈菊琴, 郭孟卓, 万隆, 等. 水资源资产价值评估的替代法研究 [J]. 河海大学学报 (自然科学版), 2000 (3): 51-54.

[170] 邱德华, 沈菊琴. 水资源资产价值评估的收益现值法研究 [J]. 河海大学学报 (自然科学版), 2001 (2): 26-29.

[171] 沈菊琴, 孙济惠, 薛亚云. 水价探析 [J]. 水利经济, 2007 (3): 44-47, 83.

[172] 毛春梅, 方国华. 基于水污染损失的水资源耦合价值计算 [J]. 生态经济, 2005 (3): 101-103.

[173] 高鑫, 解建仓, 汪妮, 等. 基于物元分析与替代市场法的水资源价值量核算研究 [J]. 西北农林科技大学学报 (自然科学版), 2012, 40 (5): 224-230.

[174] 秦长海. 水资源定价理论与方法研究 [D]. 中国水利水电科学研究院, 2013.

[175] 简富缋, 宋晓谕, 虞文宝, 等. 水资产负债表编制中水资源资产核算账户的建立与分析: 以黑河中游张掖市为例 [J]. 中国沙漠, 2016, 36 (3): 851-856.

[176] 简富缋, 宋晓谕, 虞文宝. 水资源资产价格模糊数学综合评价指标体系构建: 以黑河中游张掖市为例 [J]. 冰川冻土, 2016, 38 (2): 567-572.

[177] 牟秦杰. 基于干部离任审计的重庆水与大气资产负债表研究 [D]. 重庆: 西南大学, 2016.

[178] 牟秦杰, 陈玉成, 魏世强, 等. 重庆市不同功能区水资源资产负债表的比较研究 [J]. 西南师范大学学报 (自然科学版), 2017, 42

（2）：26-33.

[179] 刘海玉, 孙付华, 张洁. 常州市水资源生态服务价值核算研究 [J]. 湖北农业科学, 2019, 58（14）：33-37.

[180] 钟绍卓. 洱海流域水资源价值核算和生态补偿机制研究 [D]. 上海：上海交通大学, 2019.

[181] 杨梦婵, 叶有华, 张原, 等. 深圳市综合水质指数研究及其在水资源资产评估上的应用 [J]. 自然资源学报, 2018, 33（7）：1129-1138.

[182] 卢真建. 广东省水资源资产与负债评估指标体系研究 [J]. 水利发展研究, 2018, 18（12）：38-41, 46.

[183] 徐琪霞, 韩冬芳. 基于生态文明建设的水资源核算与报告新视野 [J]. 会计之友, 2018（5）：15-17.

[184] 贾雨蔚. 西安市水资源资产负债表编制及应用研究 [D]. 西安：西安理工大学, 2021.

[185] 喻凯, 双羽. 我国水力发电工程水资源会计核算体系构建研究 [J]. 会计之友, 2021（13）：56-62.

[186] 韦凤年, 董明锐. 如何科学编制水资源存量及变动表：访中国水利水电科学研究院教授级高级工程师甘泓、水利部水利水电规划设计总院教授级高级工程师汪党献 [J]. 中国水利, 2016（7）：1-6.

[187] 王西琴, 刘维哲, 孙爱昕. 基于多层次权益主体的水资源资产负债表研究：以 M 市为例 [J]. 西北大学学报（自然科学版）, 2019, 49（2）：204-210.

[188] 曹升乐, 刘春彤, 李福臻, 等. 基于社会经济发展水平的济南市水资源资产与负债研究 [J]. 中国人口·资源与环境, 2019, 29（5）：88-97.

[189] 刘春彤. 基于社会经济发展水平的山东省水资源资产与负债研究 [D]. 济南：山东大学, 2018.

[190] 芦海燕. 基于生态系统核算的流域生态补偿研究 [D]. 兰州：兰州大学, 2019.

[191] 杨裕恒, 曹升乐, 李晶莹, 等. 基于水质水量的河流水资源资产负债研究 [J]. 人民黄河, 2017, 39（9）：46-50.

[192] 石晓晓. 基于水资源资产负债价值量核算的水价形成机制研究 [D]. 西安：西安理工大学, 2019.

［193］陈波，杨世忠，林志军. 通用目的水核算在我国应用的潜力、障碍和路径：以北京密云水库为例 ［J］. 中国会计评论，2017，15（1）：89-110.

［194］王欣. 我国水资源资产负债表的编制研究 ［D］. 北京：首都经济贸易大学，2019.

［195］宋宝. 自然资源离任审计视角下的水资源负债探讨 ［J］. 会计之友，2020（2）：123-126.

［196］肖杨，毛显强，袁达，等. 水环境退化经济损失的计量方法及其应用 ［J］. 环境科学研究，2006（6）：127-130.

［197］邢智慧，蔡梅，蔡文婷. 基于水资源核算的太湖流域水环境退化成本分析 ［J］. 水资源保护，2015，31（5）：62-66.

［198］姜秋香，朱长虹，付强等. 基于水资源价值成本核算的黑龙江省绿色 GDP 研究 ［J］. 节水灌溉，2015（11）：80-84.

［199］刘彬，甘泓，贾玲，等. 基于生态系统服务的水生态资产负债表研究 ［J］. 环境保护，2018，46（14）：18-23.

［200］孙付华，王朝霞，施文君. 基于水资源资产价值的绿色 GDP 核算研究：以江苏省为例 ［J］. 价格理论与实践，2018（4）：97-101.

［201］唐勇军，张莺莺. 基于流域管理的水资源资产负债表编制研究：以太湖流域为例 ［J］. 水利经济，2020，38（1）：21-28，86.

［202］陈龙，叶有华，张燚，等. 深圳市宝安区水资源资产负债表编制研究 ［J］. 人民长江，2018，49（16）：41-46.

［203］张燚，孙芳芳，陈龙，等. 饮用水资源资产负债表编制与实践：以深圳市长流陂水库为例 ［J］. 生态经济，2020，36（4）：183-187.

［204］张琳玲. 基于模糊综合评价模型的水资源资产负债表编制与应用 ［D］. 兰州：兰州财经大学，2020.

［205］冯丽，冯平，张保成，等. 水会计恒等式探讨及其在水会计核算中应用：以滨海新区为例 ［J］. 水资源与水工程学报，2020，31（1）：44-51.

［206］田贵良，韦丁，孙晓婕. 水资源资产负债表：要素、框架与试编研究 ［J］. 人民黄河，2018，40（11）：65-68，73.

［207］FAGA H P. Separation of powers and functions of local governments in Nigeria′s Constitutional Democracy Ebonyi State as a case study ［J］. Australian educational computing, 2009, 8 (4)：1-11.

[208] 余乐. 最严格水资源管理绩效评价指标体系的完善与实证分析 [D]. 云南大学, 2016.

[209] 耿建新, 肖振东, 张宏亮. 城市水资金有效循环过程的保证措施探讨：政府环境审计的作用与实施方式 [A]. 中国环境科学学会. 中国环境科学学会 2006 年学术年会优秀论文集（中卷）[C]. 中国环境科学学会：中国环境科学学会, 2006：11.

[210] 王亚杰, 张瑞美. 水资源资产化管理制度框架及实现路径 [J]. 水利经济, 2019, 37 (4)：27-31, 76.

[211] 焦若静, 耿建新, 吴潇影. 编制适合我国情况的水资源平衡表方法初探 [J]. 给水排水, 2015, 51 (S1)：214-220.

[212] 吴强, 陈金木. 健全水资源资产管理体制的思考与建议 [J]. 人民黄河, 2017, 39 (10)：47-50, 54.

[213] Hooper B P. Integrated water resources management and river basin governance [J]. Journal of Contemporary Water Research & Education, 2003, 126：12-20.

[214] LOUKAS A, MYLOPOULOS N, VASILIADES L. A modeling system for the evaluation of water resources management strategies in Thessaly, Greece [J]. Water resources management, 2006, 21 (10)：1673-1702.

[215] RAJABU K R M. Use and impacts of the river basin game in implementing integrated water resources management in Mkoji sub-catchment in Tanzania [J]. Agricultural water management, 2007, 94 (1-3)：63-72.

[216] BARS M L, GRUSSE P L. Use of a decision support system and a simulation game to help collective decision-making in water management [J]. Computers & electronics in agriculture, 2008, 62 (2)：182-189.

[217] YILMAZ B, HARMANCIOGLU N B. An indicator based assessment for water resources management in Gediz River Basin, Turkey [J]. Water resources management, 2010, 24 (15)：4359-4379.

[218] GALLEGO-AYALA J, DINIS J. Strategic implementation of integrated water resources management in Mozambique：An A´WOT analysis [J]. Physics & chemistry of the earth parts A/B/C, 2011, 36 (14-15)：1103-1111.

［219］JOOD M S，ABRISHAMCHI A. Performance Evaluation of Water Resources Systems Using System Dynamics Approach：Application to the Aras River Basin，Iran ［C］. World environmental & Water resources congress，2012.

［220］王延梅. 水资源综合利用与管理效果评价模型研究与应用 ［D］. 济南：山东大学，2015.

［221］杨阳，方国华，黄显峰，等. 基于改进模糊物元分析法的区域最严格水资源管理评价 ［J］. 水资源保护，2014，30（6）：19-24.

［222］苏阳悦，纪昌明，张验科，等. 基于云模型的水资源管理综合评价方法：以惠州市为例 ［J］. 中国农村水利水电，2017（12）：53-58.

［223］从辉. 基于"三条红线"的延安市水资源管理评价及优化配置研究 ［D］. 西安：长安大学，2018.

［224］胡林凯，崔东文. 基于OFA-PP模型的区域最严格水资源管理类型识别与评价 ［J］. 水文，2018，38（6）：65-71.

［225］王苗苗，马忠，惠翔翔. 基于SDA法的水资源管理评价：以黑河流域张掖市为例 ［J］. 管理评论，2018，30（5）：158-164.

［226］周有荣，崔东文. 基于最优觅食算法—投影寻踪—云模型的最严格水资源管理评价 ［J］. 水资源与水工程学报，2018，29（5）：101-108.

［227］LIGHTBODY M. Environmental auditing：the audit theory gap ［J］. Accounting forum，2000，24（2）：151-169.

［228］李坤. 行为导向下自然资源资产离任审计评价指标体系研究 ［D］. 南昌：华东交通大学，2017.

［229］杨世忠，谭振华. 传统自然观对资源核算与环境责任审计的启示 ［J］. 财会月刊，2020（16）：82-86.

［230］薛芬，李欣. 自然资源资产离任审计实施框架研究：以创新驱动发展为导向 ［J］. 审计与经济研究，2016，31（6）：20-27.

［231］陈朝豹，耿翔宇，孟春. 胶州市领导干部自然资源资产离任审计的实践与思考 ［J］. 审计研究，2016（4）：10-14.

［232］姜永久. D市领导干部自然资源资产离任审计问题探讨 ［D］. 南昌：江西财经大学，2018.

［233］朱鸣. 地方党政领导干部自然资源资产离任审计问题及对策研

究［D］．南京：南京审计大学，2018.

［234］白晶．基于自然资源资产负债表的领导干部水资源资产离任审计［D］．兰州：兰州财经大学，2016.

［235］内蒙古自治区审计学会课题组，郭少华，郝光荣，等．领导干部水资源资产离任审计研究［J］．审计研究，2017（1）：12-22.

［236］朱鸣．地方党政领导干部自然资源资产离任审计问题及对策研究［D］．南京：南京审计大学，2018.

［237］唐勇军，杨璐．行为导向视角下自然资源资产离任审计研究：以水资源为例［J］．财会通讯，2016（34）：84-87，4.

［238］李志坚，耿建新．基于水供给视角的水资源资产负债表编制理论研究［J］．北方民族大学学报（哲学社会科学版），2018（5）：172-176.

［239］TANG Y, ZHOU Q, JIAO J L. Evaluating water ecological achievements of leading cadres in Anhui, China: Based on water resources balance sheet and pressure-state-response model［J］. Journal of cleaner production, 2020, 269.

［240］WMO, UNESCO. International glossary of hydrology［M］. 3rd ed. Geneva: WMO, 2012.

［241］FAO. Review of water resources by country［M］. Rome: Food and agriculture organization of the United Nations, 2003.

［242］陈建明，周校培，袁汝华，等．水资源资产管理体制研究［J］．水利经济，2016，34（5）：18-22，80.

［243］柳盼盼．环境经济核算框架下中国水资源资产核算问题研究［D］．兰州：兰州财经大学，2020.

［244］王喜峰．唯物史观的视角：水资源资产管理难题的哲学解释［J］．开发研究，2016（6）：158-163.

［245］陈英新，刘金芹，赵艳．《澳大利亚水会计准则第1号》的主要内容及对我国的启示［J］．会计之友，2014（29）：46-48.

［246］XIAO Q, HU D. Dynamic characteristics of a water resource structure in an urban ecological system: structure modelling based on input - occupancy - output technology［J］. Journal of cleaner production, 2017, 153（1）：548-557.

［247］JONES C A. Economic valuation of resource injuries in natural resource liability suits［J］. Journal of water resources planning and management,

2000, 126（6）：358-365.

[248] 冯俊. 环境资源价值核算与管理研究 [D]. 广州：华南理工大学，2009.

[249] 李晓璇. 海洋领域自然资源资产负债分部报表编制研究 [D]. 国家海洋局第一海洋研究所，2018.

[250] 雷玉桃. 流域水资源管理制度研究[D]. 武汉：华中农业大学，2004.

[251] 朱晓东. 从环境问题反思可持续发展观：以经济学为视角 [J]. 吉首大学学报（社会科学版），2018，39（S2）：28-30.

[252] 林汝颜. 水资源价值与水资源可持续利用研究 [D]. 南京：河海大学，2001.

[253] 杨华. 环境经济核算体系介绍及我国实施环境经济核算的思考 [J]. 调研世界，2017（11）：3-11.

[254] 吴优. 国民经济核算的新领域：绿色 GDP 核算 [J]. 中国统计，2004（6）：4-5.

[255] 许宪春. 我国国民经济核算工作的发展与展望 [J]. 中国统计，2002（8）：17-18.

[256] 刘高峰，龚艳冰，佟金萍. 新常态下最严格水资源管理制度的历史沿革与现实需求 [J]. 科技管理研究，2016，36（10）：261-266.

[257] 左其亭，胡德胜，窦明，等. 基于人水和谐理念的最严格水资源管理制度研究框架及核心体系 [J]. 资源科学，2014，36（5）：906-912.

[258] 马志娟，谢莹莹. 自然资源资产负债表编制与领导干部离任审计协同体系构建 [J]. 中国行政管理，2020（1）：106-113.

[259] 刘明辉，孙冀萍. 领导干部自然资源资产离任审计要素研究 [J]. 审计与经济研究，2016，31（4）：12-20.

[260] 洪宇. 自然资源资产负债与资产离任审计协同性分析 [J]. 会计之友，2018（14）：96-100.

[261] 水会莉，耿明斋. 党政领导干部自然资源资产离任审计的机理与实施路径：基于试点区域实施困境的分析 [J]. 兰州学刊，2018（8）：186-196.

[262] 潘旺明，丁美玲，于军，等. 领导干部自然资源资产离任审计实务模型初构：基于绍兴市的试点探索 [J]. 审计研究，2018（3）：53-62.

[263] 审计署上海特派办理论研究会课题组，杨建荣，高振鹏，等.

领导干部自然资源资产离任审计实现路径研究：以 A 市水资源为例 [J].
审计研究，2017 (1)：23-28.

[264] 华文英. 领导干部自然资源资产离任审计的内容及路径研究
[J]. 湖南社会科学，2018 (3)：138-144.

[265] 卢琼，张象明，仇亚琴. 水资源核算的水循环机制研究 [J].
水利经济，2010, 28 (4)：1-4, 14, 75.

[266] 李玮，刘家宏，贾仰文，等. 社会水循环演变的经济驱动因素
归因分析 [J]. 中国水利水电科学研究院学报，2016, 14 (5)：356-361.

[267] 刘亚灵，周申蓓. 水资源账户的建立与应用研究 [J]. 人民长
江，2017, 48 (5)：43-47.

[268] 苏守娟. 西北内陆河流域社会水循环与贸易水循环核算及变化
分析 [D]. 兰州：西北师范大学，2020.

[269] 邓铭江，龙爱华，李江，等. 西北内陆河流域"自然—社会—
贸易"三元水循环模式解析 [J]. 地理学报，2020, 75 (7)：1333-1345.

[270] 田金平，姜婷婷，施涵，等. 区域水资源资产负债表：北仑区
水资源存量及变动表案例研究 [J]. 中国人口·资源与环境，2018, 28
(9)：167-176.

[271] 薛亮. 城镇污水集中处理单位超标排污的责任分配机制研究
[J]. 吉林大学社会科学学报，2021, 61 (4)：114-121.

[272] 陈秀莲，郭家琦. 中国虚拟水贸易的测度、评价与影响因素的
实证分析：基于投入产出公式和 SDA 分解模型 [J]. 现代财经（天津财经
大学学报），2017, 37 (1)：101-113.

[273] BABEL M S, PANDEY V P, RIVAS A A, et al. Indicator-based ap-
proach for assessing the vulnerability of freshwater resources in the Bagmati River
Basin, Nepal [J]. Environmental management, 2011, 48 (5)：1044-1059.

[274] 肖序，王玉，周志方. 自然资源资产负债表编制框架研究 [J].
会计之友，2015 (19)：21-29.

[275] 卢现祥，李慧. 自然资源资产产权制度改革：理论依据、基本
特征与制度效应 [J]. 改革，2021 (2)：14-28.

[276] 肖璨. 基于生态补偿的流域生态资源负债研究 [D]. 昆明：昆
明理工大学，2018.

[277] 潘华，肖璨. 生态补偿视角下的流域生态资源资产负债表框架

构建 [J]. 财会月刊, 2017 (28): 11-17.

[278] 盛明泉, 姚智毅. 基于政府视角的自然资源资产负债表编制探讨 [J]. 审计与经济研究, 2017, 32 (1): 59-67.

[279] 庞利英. 国有产权明晰论 [J]. 山东师大学报 (社会科学版), 1999 (1): 27-30.

[280] 向书坚, 郑瑞坤. 自然资源资产负债表中的资产范畴问题研究 [J]. 统计研究, 2015, 32 (12): 3-11.

[281] 李雪松. 水资源资产化与产权化及初始水权界定问题研究 [J]. 江西社会科学, 2006 (2): 150-155.

[282] 李慧娟, 唐德善, 张元教. 关于构建新型水资源资产运营体制的探讨 [J]. 节水灌溉, 2005 (5): 20-22.

[283] 李慧娟. 中国水资源资产化管理研究 [D]. 南京: 河海大学, 2006.

[284] 向书坚, 郑瑞坤. 自然资源资产负债表中的负债问题研究 [J]. 统计研究, 2016, 33 (12): 74-83.

[285] 李梦舟. 水资源用途管制制度研究 [D]. 长沙: 湖南师范大学, 2017.

[286] 马学良, 李超, 赵青梅, 等. 基于博弈论的新疆内陆河区生态用水保障与管理研究 [J]. 管理评论, 2017, 29 (7): 235-243.

[287] 李献士, 李健, 涂雯. 基于演化博弈分析的流域水资源治理研究 [J]. 生态经济, 2015, 31 (6): 147-149+154.

[288] 陈浩, 彭桥. 基于博弈模型的水价策略与节水策略分析 [J]. 中国环境管理, 2019, 11 (5): 74-81.

[289] PENG J Y, LU S Y, CAO Y M, et al. A dualistic water cycle system dynamic model for sustainable water resource management through progressive operational scenario analysis [J]. Environmental science and pollution research, 2019, 26 (16): 16085-16096.

[290] WANG J S, SHI W. Compilation and economic justification of China's water resources balance sheet: A case study of Zhejiang Province [J]. Transformations in Business & Economics, 2021, 20 (2): 131-150.

[291] HOEKSTRA A Y, CHAPAGAIN A K. Water footprint of nations: Water use by people as a function of their consumption pattern [J]. Water resources management, 2007, 21 (1): 35-48.

[292] HOEKSTRA A Y, CHAPAGAIN A K, ALDAYA M M, et al. The

water footprint assessment manual: setting the global standard [M]. London: Earthscan, 2011.

[293] LI C X, LI G Z. Impact of China's water pollution on agricultural economic growth: an empirical analysis based on a dynamic spatial panel lag model [J]. Environmental science and pollution research, 2021, 28 (6): 6956-6965.

[294] 闫慧敏, 杜文鹏, 封志明, 等. 自然资源资产负债的界定及其核算思路 [J]. 资源科学, 2018, 40 (5): 888-898.

[295] 吴兆丹, UPMANU L, 王张琪, 等. 基于生产视角的中国水足迹地区间差异: "总量—结构—效率" 分析框架 [J]. 中国人口·资源与环境, 2015, 25 (12): 85-94.

[296] WU X J, LI Y P, LIU J, et al. Identifying optimal virtual water management strategy for Kazakhstan: A factorial ecologically-extended input-output model [J]. Journal of environmental management, 2021, 297 (1): 113303.

[297] 安婷莉. 北京市实体水-虚拟水通量演变及统筹配置 [D]. 西北农林科技大学, 2021.

[298] ALLAN J A. Virtual Water: A strategic resource global solutions to regional deficits [J]. Groundwater, 1998, 36 (4): 545-546.

[299] 程国栋. 虚拟水: 中国水资源安全战略的新思路 [J]. 中国科学院院刊, 2003 (4): 260-265.

[300] HOEKSTRA A Y, HUNG P Q. Globalization of water resources: international virtual water flows in relation to crop trade [J]. Global environmental change, 2004, 15 (1): 45-56.

[301] 马维兢, 耿波, 杨德伟, 等. 部门水足迹及其经济效益的时空匹配特征研究 [J]. 自然资源学报, 2020, 35 (6): 1381-1391.

[302] 任盈盈. 基于资源和环境导向型多区域投入产出模型 (MRIO) 的中国虚拟水流动研究 [D]. 北京: 北京林业大学, 2020.

[303] 吴兆丹, 赵敏, 田泽, 等. 多区域投入产出分析下中国水足迹地区间比较: 基于 "总量—相关指标—结构" 分析框架 [J]. 自然资源学报, 2017, 32 (1): 76-87.

[304] 吴兆丹, 吴兆磊, 张长征. 多区域投入产出分析下中国水足迹地区

间比较：基于经济区域分析层次 [J]. 冰川冻土, 2017, 39 (1)：207-219.

[305] 孙才志, 杜杭成, 刘淑彬. 基于投入产出分析的辽宁省虚拟水消费与贸易研究 [J]. 地域研究与开发, 2020, 39 (2)：117-121, 126.

[306] 檀勤良, 韩健, 刘源. 基于投入产出模型的省际虚拟水流动关联分析与风险传递 [J]. 中国软科学, 2021 (6)：144-152.

[307] 张晓宇, 何燕, 吴明, 等. 世界水资源转移消耗及空间解构研究：基于国际水资源投入产出模型 [J]. 中国人口·资源与环境, 2015, 25 (S2)：89-93.

[308] 刘宇菲. 基于区域间投入产出分析的城市群能源—水耦合模拟研究 [D]. 广州：华南理工大学, 2020.

[309] 潘媛. 环境—经济投入产出模型设计核算研究 [J]. 统计与决策, 2015 (16)：23-25.

[310] 谭圣林, 邱国玉, 熊育久. 投入产出法在虚拟水消费与贸易研究中的新应用 [J]. 自然资源学报, 2014, 29 (2)：355-364.

[311] 田欣, 熊翌灵, 刘尚炜, 等. 中国省际水资源压力的转移模式 [J]. 中国人口·资源与环境, 2020, 30 (12)：75-83.

[312] 潘安. 对外贸易、区域间贸易与碳排放转移：基于中国地区投入产出表的研究 [J]. 财经研究, 2017, 43 (11)：57-69.

[313] 张红霞, 夏明, 苏汝劼, 等. 中国时间序列投入产出表的编制：1981—2018 [J]. 统计研究, 2021, 38 (11)：3-23.

[314] 杨艳昭, 陈玥, 宋晓谕, 等. 湖州市水资源资产负债表编制实践 [J]. 资源科学, 2018, 40 (5)：908-918.

[315] 姚霖. 论自然资源资产负债表的理论范式及其资产、负债账户 [J]. 财会月刊, 2017 (25)：10-14.

[316] 高敏雪. 扩展的自然资源核算：以自然资源资产负债表为重点 [J]. 统计研究, 2016, 33 (1)：4-12.

[317] 陈雷. 保护好生命之源、生产之要、生态之基：落实最严格水资源管理制度 [J]. 求是, 2012 (14)：38-40.

[318] GU Y F, LI Y, WANG H T, et al. Gray water footprint：Taking quality, and time effect into consideration [J]. Water resources management, 2014, 28 (11)：3871-3874.

[319] YAN F, LIU C L, WEI B W. Evaluation of heavy metal pollution in

the sediment of Poyang Lake based on stochastic geo-accumulation model (SGM) [J]. Science of the total environment, 2019, 659: 1-6.

[320] 操信春, 束锐, 郭相平, 等. 基于 BWSI 与 GWSI 的江苏省农业生产水资源压力评价 [J]. 长江流域资源与环境, 2017, 26 (6): 856-864.

[321] 孙才志, 白天骄, 吴永杰, 等. 要素与效率耦合视角下中国人均灰水足迹驱动效应研究 [J]. 自然资源学报, 2018, 33 (9): 1490-1502.

[322] 孙才志, 阎晓东. 基于 MRIO 的中国省区和产业灰水足迹测算及转移分析 [J]. 地理科学进展, 2020, 39 (2): 207-218.

[323] 韩琴, 孙才志, 邹玮. 1998-2012 年中国省际灰水足迹效率测度与驱动模式分析 [J]. 资源科学, 2016, 38 (6): 1179-1191.

[324] LIU H, JIA Y W, NIU C N, et al. Evaluation of regional water security in China based on dualistic water cycle theory [J]. Water policy, 2018 (20): 510-529.

[325] DAGUM C. A New Approach to the Decomposition of the Gini Income Inequality Ratio, Heidelberg, 1998 [C]. Physica-Verlag HD, 1998.

[326] 黎智慧, 刘渝琳, 尹兴民. 基于 Dagum 方法的能源基尼系数测算与分解 [J]. 统计与决策, 2019, 35 (19): 30-33.

[327] 孙才志, 朱云路. 基于 Dagum 基尼系数的中国区域海洋创新空间非均衡格局及成因探讨 [J]. 经济地理, 2020, 40 (1): 103-113.

[328] 袁华锡, 刘耀彬, 胡森林, 等. 产业集聚加剧了环境污染吗?: 基于外商直接投资视角[J]. 长江流域资源与环境, 2019, 28 (4): 794-804.

[329] 张丽娜, 徐洁, 庞庆华, 等. 水资源与产业结构高级化的适配度时空差异及动态演变 [J]. 自然资源学报, 2021, 36 (8): 2113-2124.

[330] FU Q, LI T X, LIU D, et al. Simulation study of the sustainable utilization of urban water resources based on system dynamics: a case study of Jiamusi [J]. Water science & technology: Water supply, 2016, 16 (4): 980-991.

[331] 杨开宇. 运用系统动力学分析我国城镇化对水资源供需平衡的影响 [J]. 财政研究, 2013 (6): 10-13.

[332] 杨子江, 韩伟超, 杨恩秀. 昆明市水资源承载力系统动力学模拟 [J]. 长江流域资源与环境, 2019, 28 (3): 594-602.

[333] 王倩, 黄凯. 基于系统动力学的北京市农业水足迹模拟与影响因素分析 [J]. 系统工程, 2021, 39 (3): 13-24.

［334］米红，周伟. 未来30年我国粮食、淡水、能源需求的系统仿真
［J］. 人口与经济，2010（1）：1-7.

［335］易莹莹，张宁. 中国城镇化发展中空气污染效应的系统仿真分
析［J］. 城市问题，2020，11：82-93.

［336］李慧娟，张元教，唐德善. 水资源资产化管理研究［J］. 中国
农村水利水电，2005（7）：91-93，97.

［337］曹璐，陈健，刘小勇. 我国水资源资产管理制度建设的探讨
［J］. 人民长江，2016，47（8）：113-116.

附　表

附表1　2012年和2017年中国地区投入产出表42部门

2012年中国地区投入产出表42部门	2017年中国地区投入产出表42部门
01 农林牧渔产品和服务	01 农林牧渔产品和服务
02 煤炭采选产品	02 煤炭采选产品
03 石油和天然气开采产品	03 石油和天然气开采产品
04 金属矿采选产品	04 金属矿采选产品
05 非金属矿和其他矿采选产品	05 非金属矿和其他矿采选产品
06 食品和烟草	06 食品和烟草
07 纺织品	07 纺织品
08 纺织服务鞋帽皮革羽绒及其制品	08 纺织服务鞋帽皮革羽绒及其制品
09 木材加工品和家具	09 木材加工品和家具
10 造纸印刷和文教体育用品	10 造纸印刷和文教体育用品
11 石油、炼焦产品和核燃料加工品	11 石油、炼焦产品和核燃料加工品
12 化学产品	12 化学产品
13 非金属矿物制品	13 非金属矿物制品
14 金属冶炼和压延加工品	14 金属冶炼和压延加工品
15 金属制品	15 金属制品
16 通用设备	16 通用设备
17 专用设备	17 专用设备
18 交通运输设备	18 交通运输设备
19 电气机械和器材	19 电气机械和器材
20 通信设备、计算机和其他电子设备	20 通信设备、计算机和其他电子设备

2012 年中国地区投入产出表 42 部门	2017 年中国地区投入产出表 42 部门
21 仪器仪表	21 仪器仪表
22 其他制造产品	22 其他制造产品和废品废料
23 废品废料	23 金属制品、机械和设备维修服务
24 金属制品、机械和设备修理服务	24 电力、热力的生产和供应
25 电力、热力的生产和供应	25 燃气生产和供应
26 燃气生产和供应	26 水的生产和供应
27 水的生产和供应	27 建筑
28 建筑	28 批发和零售
29 批发和零售	29 交通运输、仓储和邮政
30 交通运输、仓储和邮政	30 住宿和餐饮
31 住宿和餐饮	31 信息传输、软件和信息技术服务
32 信息传输、软件和信息技术服务	32 金融
33 金融	33 房地产
34 房地产	34 租赁和商务服务
35 租赁和商务服务	35 研究和试验发展
36 科学研究和技术服务	36 综合技术服务
37 水利、环境和公共设施管理	37 水利、环境和公共设施管理
38 居民服务、修理和其他服务	38 居民服务、修理和其他服务
39 教育	39 教育
40 卫生和社会工作	40 卫生和社会工作
41 文化、体育和娱乐	41 文化、体育和娱乐
42 公共管理、社会保障和社会组织	42 公共管理、社会保障和社会组织